水産総合研究センター叢書

魚たちと ワシントン条約

マグロ・サメからナマコ・深海サンゴまで

中野 秀樹・高橋 紀夫　編

文一総合出版

執筆者一覧 (五十音順)

赤嶺 淳(あかみね じゅん)(一橋大学大学院 社会学研究科)

石井 信夫(いしい のぶお)(東京女子大学 現代教養学部)

金子 与止男(かねこ よしお)(岩手県立大学 総合政策学部)

黒田 啓行(くろた ひろゆき)(国立研究開発法人 水産総合研究センター 西海区水産研究所)

仙波 靖子(せんば やすこ)(国立研究開発法人 水産総合研究センター 国際水産資源研究所)

高橋 紀夫(たかはし のりお)(国立研究開発法人 水産総合研究センター 国際水産資源研究所)

中野 秀樹(なかの ひでき)(国立研究開発法人 水産総合研究センター 国際水産資源研究所)

林原 毅(はやしばら たけし)(国立研究開発法人 水産総合研究センター 国際水産資源研究所)

牧野 光琢(まきの みつたく)(国立研究開発法人 水産総合研究センター 中央水産研究所)

松田 裕之(まつだ ひろゆき)(横浜国立大学大学院 環境情報研究院)

南 浩史(みなみ ひろし)(国立研究開発法人 水産総合研究センター 国際水産資源研究所)

宮下 富夫(みやした とみお)(国立研究開発法人 水産総合研究センター 国際水産資源研究所)

米崎 史郎(よねざき しろう)(国立研究開発法人 水産総合研究センター 国際水産資源研究所)

＊:「国立研究開発法人 水産総合研究センター」は2016年4月より「国立研究開発法人 水産研究・教育機構」に改称。

はじめに

　我々日本人は食糧として多くの海の恵みを得ている．原始，魚は獲った人のものであり，自由に漁を行うことができた．しかし，現代では魚は食糧資源としてとらえられ，タイやヒラメのような沿岸魚もマグロなどの回遊魚も国内法や国際条約のもとで管理されている．このように魚が水産資源として管理対象であることは，水産に携わる者にとっては自明の理であるが，さらに合理的な利用だけでなく新たに「種の保全」の視点が導入されてきている．

　つまり海洋生物を食糧資源としてだけではなく，その種の保全も同時に考えなければならなくなったわけで，魚を食糧としてのみ捉えていた我々としては戸惑いを禁じ得なかった．ワシントン条約関連の報道がされるたびに，「マグロが食べられなくなる！」というような論調が出るのは，同様な戸惑いを一般社会も共有しているためだろう．これは水族館で魚を鑑賞するときの二面性にもあらわれている．「きれい」といった感想と同時に「おいしそう」という感想もあるのが，日本では一般的にみられる風景である．

　しかし，世界では魚類などの水産生物を食糧としてよりも，むしろ保全の対象としてみている人たちも多く存在する．それぞれ異なる価値観を持つ国際社会のなかで，「絶滅のおそれのある野生動植物の種の国際商取引に関する条約」いわゆるワシントン条約のもとで，魚類などの水産生物の保全に関する議論は20年以上前から行われている．ニュースにもなり，代表的なものはマグロであるが，サメに関する条約附属書提案も20年来，毎回違う種が提案され続けている．これまで日本国内では水産資源といえば利用の観点からの議論が多く，国際社会の水産生物の保全に関する情報は極端に少なかったように感じている．

　本書はワシントン条約と水産資源に関する解説書である．ワシントン条約の種の保全の仕組みはどうか，どのような問題点があるのか，水産資源の利用と保全はどのように折り合いをつければ

よいのか，それぞれ専門家に解説をお願いした。国際社会では，水産資源の持続的な利用を図るだけでなく，その種の存続についても，しっかりと担保することが求められている。本書が国際社会で行われている水産資源の保全に関する議論の理解の一助になれば幸いである。

国際水産資源研究所
中野 秀樹

魚たちとワシントン条約

マグロ・サメからナマコ・深海サンゴまで

はじめに　中野 秀樹　3

第1章　ワシントン条約（CITES）とは……金子 与止男……………7
　1. 条約制定の経緯　7　　　　　　2. 附属書とその改正　8
　3. 取引規制のしくみ　12　　　　　4. 日本の実施体制　15
　5. 附属書掲載基準の発展過程　18　6. 輸出が種の生存に有害でないという助言　21
　7. 水産種の附属書掲載状況　22

第2章　ワシントン条約とクロマグロ掲載問題……中野 秀樹……………29
　1. 大西洋クロマグロのワシントン条約附属書提案までの経緯　29
　2. モナコ提案とCITESクライテリア　30
　3. ICCATによる大西洋クロマグロの資源評価　32
　4. ICCAT特別部会　33　　　　　5. ICCAT年次会合　34
　6. FAO専門家会合　35　　　　　　7. CITES CoP15での議論　36
　8. CITESクロマグロ掲載問題の反省点　37
　9. 大西洋クロマグロ資源のその後　40

第3章　陸生動物の保全とワシントン条約……石井 信夫……………45
　1. 野生生物保全と商取引との関係　45　2. 附属書改正をめぐる議論　48
　3. アフリカゾウとワシントン条約　50　4. 野生生物の保全と地域社会　56

第4章　保全生態学の考え方……高橋 紀夫……………61
　はじめに　61　　　　　　　　　　1. 保全生物学／保全生態学とは？　62
　2. 絶滅の要因と絶滅に至るプロセス　63
　3. 存続と絶滅のプロセスに関連する理念と概念　68
　4. 個体群存続可能性分析（PVA）　73　5. 絶滅リスク評価のための数理モデル　77
　6. IUCNレッドリストカテゴリーとその判定基準　81
　7. 水産資源をめぐる判定基準の問題点　89

第5章　水産資源管理の考え方……黒田 啓行……………101
　1. 水産資源の特徴——"魚をとりながら増やす"　101
　2. MSYに基づく管理　102　　　　3. 資源管理の新しい考え方　108

4. 新しい管理方策の開発と利用　*111*
　　5. まとめ：資源管理はうまくいっているのか？　*116*
第6章　生態系管理の考え方……米崎 史郎・牧野 光琢 ……………………*121*
　　1. 生態系管理　*121*　　　　　2. 海洋保護区の考え方　*126*
第7章　環境保護団体とワシントン条約……松田 裕之 ………………… *135*
　　1. IUCN，WWF，TRAFFIC とワシントン条約　*135*
　　2. 環境保護団体の行動力学　*138*　　3. 保全と利用の調和を図る近年の動き　*141*
　　ケーススタディ
　　　ウミガメ……南 浩史　*147*　　　　コガシラネズミイルカ……宮下 富夫　*153*
　　　サメ類掲載問題……仙波 靖子　*159*　　タツノオトシゴ……金子 与止男　*173*
　　　チョウザメ目……金子 与止男　*177*　　ナポレオンフィッシュ……金子 与止男　*181*
　　　ナマコ……赤嶺 淳　*187*　　　　　宝石サンゴ……林原 毅　*201*

　　　生物名索引　*213*　　　　　　　　事項索引　*217*

第1章　ワシントン条約 (CITES) とは

金子 与止男

1. 条約制定の経緯

　野生生物とその製品の国際取引は，正倉院御物にみられるように，古くから存在していた。20世紀に入り，輸送機関の発達により，取引範囲が拡がり，取引速度も速まっていった。

　1960年代になり，野生生物種の絶滅や個体数の減少に国際取引が大きく加担しているのではないかとの懸念が強くなった。スイスに本部のある国際自然保護連合 (IUCN) の総会が1963年にナイロビで開かれ，ここで「希少または絶滅危惧の野生生物種あるいはその皮とトロフィーの輸出・輸送・輸入の規制に関する国際条約」を制定することを求める決議が採択された。欧米では，狩猟した動物の頭部の剥製などを戦利品として持ち帰る習慣があり，これがここでいうトロフィーである。総会での決議採択をきっかけにIUCNは条約案を作成し，各国政府や国際機関に草案を回章し，条約制定のための協議を開始した。

　1972年にスウェーデンのストックホルムで開かれた国連人間環境会議で，条約の早期締結を勧告する決議が採択された。この決議にもとづき，翌73年2～3月にワシントンで条約制定のための特命全権会議が開かれた。この会議では，IUCN案に大幅に変更をくわえたアメリカ案が議論用原案として審議された。その結果，「絶滅のおそれのある野生動植物の種の国際取引に関する条約 (Convention on International Trade in Endangered Species of Wild Fauna and Flora)」が採択され，日本を含む多くの会議参加国が条約に署名した。条約の条文が採択されたのみならず，附属書と呼ばれる規制対象種のリストも作成された。特命全権会議が開かれた都市名に因んでワシントン条約，条約名の英文頭文字をとってCITESとも称され，国際的にはCITESのほうが通りがよい。

　条約が採択されたのは，1973年3月3日であった。オゾン層保護のためのウィーン条約は85年，国連気候変動枠組条約と生物多様性条約は92年

であるので，ワシントン条約は71年のラムサール条約とともに，環境条約のなかではかなり古い部類に属する。第16回ワシントン条約締約国会議はバンコクで2013年3月に開かれたが，条約採択40周年に合わせて3月3日を会議初日とした。このように，条約の萌芽は1963年であるので，約半世紀前にワシントン条約の原点ができたと言ってよい。

条文によれば，10か国が条約加盟書を条約寄託国であるスイス政府に提出した時点で，条約が効力を発生するとなっている。発効したのは1975年7月1日である。日本はそれから遅れること5年後の80年に，世界で60番目の国として加盟した。2015年4月時点で180か国が加盟しているきわめて大きな環境関連条約である。

気候変動枠組条約や生物多様性条約では，条文中に目的に関する条項があるが，ワシントン条約ではそうした条項はない。しかし，条約の目的は条文の前文の中に見てとれよう。ワシントン条約の前文は要約すると，①野生動植物は，現在および将来の世代のために保護しなければならない自然の系のかけがえのない一部をなしている，②野生動植物の価値は，芸術上，科学上，文化上，レクリエーション上，経済上の観点から絶えず増大するものである，③国民および国家がその国の野生動植物の最良の保護者であり，また，そうあらねばならない，④国際取引による過度な利用から特定の種を守るために国際協力が重要である，⑤このため緊急な措置をとる必要がある，の5項目からなっている。

2. 附属書とその改正

国連気候変動枠組条約や生物多様性条約など多くの環境関連条約が，目的と大まかな枠組みだけを条約で決め，個別の問題は技術委員会や作業部会で扱うのに対し，ワシントン条約の場合は条約の内容が非常に具体的であるという特徴をもっている。条約の中核は附属書と呼ばれるもので，これは規制対象となる生物の種名一覧である。種名一覧には3種類あり，附属書Ⅰ，附属書Ⅱ，附属書Ⅲに分かれている。この附属書に掲載された場合に，国際取引が禁止もしくは制限される。

附属書Ⅰは，取引により影響を受けているか，もしくは受けるかもしれないもので，絶滅の脅威にさらされている種を掲載する。附属書Ⅰに掲載された場合，商業的国際取引が禁止される。なお，人工繁殖したものや科学目的

など，少数の例外が認められている。附属書Ⅱは，現在必ずしも絶滅の脅威にさらされていないが，取引を規制しないと将来，絶滅の可能性のあるような種を掲載する。可能性のないものでも，条約の効果的な運用上必要な場合，掲載が認められている。たとえば，附属書Ⅱ掲載種と外見が似ており，税関吏など取り締まり当局が識別困難な種が該当する。附属書Ⅲは，自国内で捕獲採取の禁止・制限をしているもので，取引規制において他国の協力を必要とするものをその国が一方的に掲載することができる。

2015年4月時点では，約5,600種の動物と約30,000種の植物が附属書に掲載されている。内訳は，附属書別にみると，附属書Ⅰが978種/亜種，附属書Ⅱが34,430種/亜種，附属書Ⅲが160種/亜種である。附属書Ⅰにはトラ，ジャイアントパンダ，シロナガスクジラ，チンパンジー，アジアゾウ，ジュゴン，オオサイチョウなどが，附属書Ⅱにはカバ，ライオン，アミメニシキヘビ，ウチワサボテン，アロエなどが掲載されている。日本に分布している動植物も多数が附属書に載っている。たとえば，附属書Ⅰにはツキノワグマ，タンチョウ，トキ，コウノトリ，オオサンショウウオなどが，附属書Ⅱにはニホンザル，トビ，フクロウ，ガビチョウ，ニホンイシガメ，ソテツ，イチイなどが掲載されている。日本近海に生息する宝石サンゴ類であるアカサンゴ，モモイロサンゴ，シロサンゴは中国により附属書Ⅲに掲載された。

附属書Ⅰと附属書Ⅱにまたがっている種もある。アフリカゾウはボツワナ・ナミビア・南アフリカ・ジンバブエの個体群が附属書Ⅱに，それ以外の個体群が附属書Ⅰである。イリエワニはオーストラリア・インドネシア・パプアニューギニアの個体群が附属書Ⅱ，それ以外が附属書Ⅰである。ミンククジラも附属書Ⅰと附属書Ⅱに分かれており，西グリーンランド個体群が附属書Ⅱ，それ以外が附属書Ⅰである。

最初の附属書ⅠとⅡは，1973年のワシントンでの特命全権会議で合意された。それ以降，毎回の締約国会議（**表1**）で見なおしの対象となっている。附属書を変更するには，締約国が附属書改正提案をほぼ3年に1回開かれる締約国会議に提出し，その提案が3分の2の賛成票を獲得することが条件となる。提案は締約国であれば，その種の生息国でなくとも提出することができる。附属書Ⅰ掲載は，これまで可能だった商業目的での国際取引が禁止されることを意味している。附属書Ⅰから附属書Ⅱへの移行は，商業目的

表1 過去の締約国会議の概要

回	年	開催地	締約国数	附属書改正提案数
1	1976	ベルン（スイス）	30	619
2	1979	サンホセ（コスタリカ）	48	249
3	1981	ニューデリー（インド）	61	92
4	1983	ハボロネ（ボツワナ）	78	176
5	1985	ブエノスアイレス（アルゼンチン）	85	98
6	1987	オタワ（カナダ）	92	148
7	1989	ローザンヌ（スイス）	101	148
8	1992	京都（日本）	112	140
9	1994	フォートローダデール（アメリカ）	124	140
10	1997	ハラレ（ジンバブエ）	136	75
11	2000	ギギリ（ケニア）	149	62
12	2002	サンティアゴ（チリ）	160	59
13	2004	バンコク（タイ）	166	50
14	2007	ハーグ（オランダ）	170	35
15	2010	ドーハ（カタール）	175	42
16	2013	バンコク（タイ）	176	70

での国際取引が禁止されていたのが可能になることを意味している。したがって各国政府，業界団体，環境団体関係者は審議結果に一喜一憂することとなり，附属書改正提案は締約国会議でのさまざまな議題のなかで最も白熱した議論の対象でもある。図1にみられるように，近年，提案数は減少傾向にある。

　附属書改正提案は満場一致で採択することを目指すものの，意見が割れる場合は投票を行う。投票方法にはいくつかあるが，最近は，投票態度が明らかになる電子投票と明らかにならない秘密投票の2種類がよく使われている。秘密投票は，投票態度が明らかになると，投票後あるいは会議終了後に一部の大国や環境団体から不当な圧力を受けることがあり，そうした圧力を排除するために使われる。

　秘密投票の手続きにはこれまで何度か変更が加えられたが，1994年の第9回締約国会議からは，秘密投票を要求する国プラス10か国の支持国があれば秘密投票を行うことができるようになった。2013年の第16回締約国会議では，秘密投票の使用をむずかしくする意図で，EUとメキシコ・チリが手続き規則変更の提案を行った。EU案は過半数の賛成，メキシコ・チリ案は3分の1の賛成を必要とするものであった。これらに加え，コロンビアとアメリカにより修正案が提出された。手続き規則を変更するためには3分

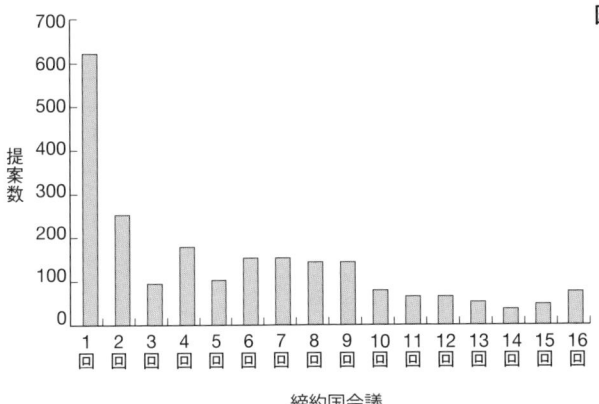

図1 附属書改正提案数の変遷

表2 第16回締約国会議での秘密投票の要件をめぐる投票結果（投票順）

提案	要件	賛成	反対	結果
コロンビア修正案	1か国＋40か国	67	60	否決
EU原案	過半数	62	62	否決
アメリカ修正案	1か国＋25か国	41	91	否決
チリ・メキシコ修正案	3分の1	66	64	否決

の2の賛成票が必要であることが直前に再確認されており，いずれの提案も3分の2に届かなかったことから否決された（表2）。このことから，要求国プラス10か国という1994年以来の現行規定が定着したと考えてよいだろう。

条文によれば，条約に加盟する際，もしくは附属書改正後90日以内に，締約国は「留保」を申し立てることができる。留保した場合，その種について留保国は条約加盟国として扱われない。しかし，国際取引は相手国があることから，輸出入相手国も留保しているか未加盟国である必要があり，条約外で無制限に取引可能というわけではない。したがって，留保はしたものの，ワシントン条約の規定を守っている国もある。たとえば，2013年に新たに附属書II掲載が決まったニシネズミザメ，ヨゴレ，アカシュモクザメ，ヒラシュモクザメ，シロシュモクザメを日本は留保したが，同時に，地域漁業機関や他の国と協力してサメ類の保全管理を進めていくこと，輸出する際には条約で決められた輸出許可書を発給すること，ひれの識別など技術的見地から貢献すること，を宣言した。参考までに，日本が留保している種を表3に示しておく。

表3 日本が留保している種

学名	和名	附属書	留保発効日
Balaenoptera borealis	イワシクジラ	I	1981/06/06
Balaenoptera physalus	ナガスクジラ	I	1981/06/06
Physeter macrocephalus	マッコウクジラ	I	1981/06/06
Berardius bairdi	ツチクジラ	I	1983/07/29
Balaenoptera edeni	ニタリクジラ	I	1983/07/29
Balaenoptera acutorostrata	ミンククジラ	I	1986/01/01
Cetorhinus maximus	ウバザメ	II	2003/02/13
Rhincodon typus	ジンベエザメ	II	2003/02/13
Hippocampus spp.	タツノオトシゴ類	II	2004/05/15
Orcaella brevirostris	カワゴンドウ	I	2005/01/12
Carcharodon carcharias	ホホジロザメ	II	2005/01/12
Carcharhinus longimanus	ヨゴレ	II	2013/06/12
Sphyrna lewini	アカシュモクザメ	II	2013/06/12
Sphyrna mokarran	ヒラシュモクザメ	II	2013/06/12
Sphyrna zygaena	シロシュモクザメ	II	2013/06/12
Lamna nasus	ニシネズミザメ	II	2013/06/12

注）条約事務局のウェブサイトには，日本の留保種として他に3種が記載されているが，これは，その後，ニタリクジラが二タリクジラ *Balaenoptera edeni* とツノシマクジラ *Balaenoptera omurai* に，ミンククジラがミンククジラ *Balaenoptera acutorostrata*（南半球）とクロミンククジラ *Balaenoptera bonaerensis*（北半球）に，カワゴンドウがカワゴンドウ *Orcaella brevirostris* とオーストラリアカワゴンドウ *Orcaella heinsohni* に区分されたことによる。

3. 取引規制のしくみ

　条約には，締約国がとるべき措置が規定されている。まず，附属書Ⅰと附属書Ⅱ・Ⅲの種を輸出するためには，輸出国政府が指定した管理当局が輸出許可書を発給することが条件となる。輸入国側では，輸入される動植物がこの条約の規定に則したものであるかを税関が確認することが必要である。これを水際規制（border control）という。そして条約に違反して条約対象種を密輸入した者を処罰すること，密輸品の没収または輸出国への返還の規定を設けることを義務づけている。

　附属書Ⅰの種の商業的国際取引は禁止されているが，人工繁殖したものや学術目的などでの取引は認められている。その場合でも，輸入国がまず輸入許可書を発給することを条件に，輸出国が輸出許可書を発給できることになっており，厳しい規制が敷かれている。つまり，附属書Ⅰの種にあっては，輸出国が輸出を望んでも，輸入国が輸入許可書を発給しなければ，輸出許可書を出すことができず，輸入国側（その多くは先進国）がより強い権限を有していることになる。

附属書Ⅱの種は，輸出国政府が輸出許可書を発給することを条件に，商業取引が認められている。輸出許可書を発給するさいには，事前に輸出国が指定する科学当局が，その輸出がその種の存続に悪影響を与えないことを認めることが必要である。これについては，後述する。

　附属書Ⅲの種は，その種を掲載した国から輸出する場合は，政府の発給した輸出許可書の提出を条件とすることから，輸出許可書がない場合は，輸入できない。掲載した国以外から輸入する場合は，輸出国政府が発給した原産地証明書を必要とする。いずれの場合も，ワシントン条約担当部局が発給することになっており，両者間に実質的な差異はない。

　条約の名称と前文には「国際取引」という文言が記載されているが，本文には「取引」という用語しか出てこない。条約の正式名称からも明らかなように，この条約は国際取引に関するものであり，国内取引は条約の効力の範囲外である。国際取引禁止の種が国内市場で合法的に売られていることがあるのは，このためである。条約では，「取引とは，輸出・再輸出・輸入または海からの持込みをいう」と定義している。自国から他の国へ物品を輸送することを「輸出」という。その逆が「輸入」である。「再輸出」とはすでに他国から輸入されたものを「輸出」することをいう。

　「海からの持込み」という概念は，条文によれば「いずれの国の管轄下にもない海洋環境において捕獲・採取されたものを，ある国へ輸送すること」となっている。「海からの持込み」に際しては，附属書ⅠとⅡのいずれも，海から持ち込もうとする国の管理当局が海からの持込みのための証明書を発給する必要がある。発給にあたっては，附属書Ⅰの場合，①持込みがされる国の科学当局が標本の持込みが当該標本に係る種の存続を脅かすこととならないと助言していること，②生きている標本の場合には，持込みがされる国の管理当局が，受領しようとする者がこれを収容し，その世話をするための適当な設備を有していると認めること，③持込みがされる国の管理当局が，標本が主として商業目的のために使用されるものでないと認めること，が条件である。附属書Ⅱの場合，商業目的の取引が可能であることから，上記①と②のみが条件である。

　上述の「海からの持込み」の定義に関しては，明確でない点がふたつあった。まず，いずれの国の管轄下にもない海洋環境とは何か。つぎが，ある国への輸送，つまり持込み国とはどこを指すのか。そのため，一連の作業部会

が，2005 年，2009 年，2011 年，2012 年に開かれた。その結果，2007 年の締約国会議で，「いずれの国の管轄下にもない海洋環境」とは，海洋法に関する国際連合条約（国連海洋法条約）のいう領海・排他的経済水域（EEZ）・大陸棚以外の海洋環境であることが決まった。しかし，持込み国とは何を指すのかについては，未解決のままであった。それは，漁業が抱える特殊な操業形態に起因していた。

　日本に船籍のある日本の漁船が日本に持込む場合はわかりやすいが，たとえば便宜置籍船*の場合はどこが持込み国となるのかという疑問があった。その解釈に関しては，2013 年の第 16 回締約国会議で合意された。それに従えば，日本船籍の漁船が公海上で条約対象種を捕獲し，日本に輸送する場合は日本が持込み国となる。他国船籍，たとえばリベリア船籍の日本の漁船が日本に輸送する場合は，リベリアが輸出国で日本が輸入国となり，したがって通常の輸出入手続きに従うこととなった。チャーター船操業の場合は，船籍国（たとえばリベリア）とチャーターした国（たとえば日本）との間で操業に関する書面合意がなされ，事務局に事前に通知され，それが公表されている場合，日本への輸送は海からの持込みの規定に従うことができることとなった。また，両国が合意していれば，リベリアが輸出国もしくは日本が持込み国という場合もある。さらに，書面合意，事務局通知という同一条件下で，たとえばリベリア船籍の漁船を韓国がチャーターし，日本に輸送する場合は，リベリアが輸出国となり，輸出許可書を発給する必要がある。リベリアと韓国との間で書面合意があれば，韓国が輸出国となることもできることとなった。

　附属書Ⅲは，ある締約国が規制を自国の管轄内においておこなう必要があると認め，取引規制に関してほかの国の協力が必要な場合，その締約国が締約国会議での審議を経ずに掲載することができる。公海はどの国の管轄下にもないため，附属書Ⅲは「海からの持込み」に関する規定は適用されない。つまり，理論上，ワシントン条約の対象外である。しかし，条約では条文の規定よりもきびしい措置を各国がとることを許しており，附属書Ⅰ・Ⅱ同様の手続きを求めてくることもありえよう。

＊：船の所有者が自国以外の国に便宜上，船籍を置くこと。外国船員雇用や税金対策として使われる。自国の法律に縛られないため，違法・無報告・無規制（IUU）漁業の温床でもある。

表4 日本のワシントン条約管理当局と科学当局

対象	管理当局	科学当局
陸生動物	経済産業省貿易審査課	環境省野生生物課
水生生物	経済産業省貿易審査課	水産庁
植物（木本）	経済産業省貿易審査課	林野庁研究普及課
植物（草本）	経済産業省貿易審査課	農林水産省果樹花き課
海からの持込み	水産庁	水産庁

4. 日本の実施体制

　締約国は条約加盟時に，管理当局の名称と住所を条約寄託国であるスイス政府に通知しなければならない。管理当局の主な任務は，輸出入許可書の発給，許可書の真偽の確認，税関への指示，年次報告書の作成などである。日本では，輸出入に関する管理当局は経済産業省で，「海からの持込み」に関する管理当局は水産庁である（表4）。いっぽう，科学当局は環境省，農林水産省，林野庁，水産庁と多岐にわたっている。科学当局の任務は，たとえば，附属書Ⅰ掲載種を輸出入する場合，その輸出入がその種の生存に悪影響を及ぼさないかどうかを管理当局に助言する。附属書Ⅱ掲載種を輸出する場合も同様である。「海からの持込み」にあたっては，持込みがその種の生存に悪影響を与えないという科学当局からの助言を必要とする。

　輸出入と海からの持込みの管理当局はそれぞれ経済産業省と水産庁である。たとえば，かりに大西洋のクロマグロが附属書Ⅱに掲載されたとしよう。日本漁船が大西洋の公海で捕獲したクロマグロをその船で日本に持ち帰る場合の管理当局は水産庁である。地中海で蓄養されたクロマグロを飛行機や船で日本に輸送する場合の管理当局は経済産業省である。クロマグロという対象種ではなく，貿易形態に応じて分かれていることから，両管理当局間の緊密な連携が必要となってくる。

　条約に加盟する場合は，条約を履行するための国内体制を事前に整えておく必要がある。それには法律の制定もしくは改正を伴うものと，それを必要としないものが含まれる。条約加盟時に条約の規定を担保する法律を作っていなかったり，内容が充分でなかったりすると，取引全体では条約に違反しているものの，国内には合法的に輸入されるという事態が起きる。イタリアやタイでは，加盟時に条約の規定を国内の法律に組み込まなかったため，密輸入が横行したということがかつてあった。

日本は加盟にあたり，新たな法律を作るのではなく，既存の法律を改正することで条約の規定を担保しようとした。外国為替及び外国貿易管理法（外為法）である。外為法のなかでは，第52条（輸入の承認），第48条（輸出の承認），第53条（制裁），第54条（税関長に対する指揮監督等）が関係する。

　さまざまな条約や内外の情勢に迅速に対処する必要があることから，外為法は大まかな枠組みを決めている。ワシントン条約の実際上の管理方法，手続きなどは政令である「輸入貿易管理令」，「輸出貿易管理令」，省令，告示などで対応している。輸入に限って言えば，法体系は上位から「外国為替及び外国貿易法」，「輸入貿易管理令」，「輸入貿易管理規則」，「輸入公表」，「輸入発表及び輸入注意事項」の順となっている。輸出管理もこれに準ずる。

　1992年に「絶滅のおそれのある野生動植物の種の保存に関する法律」が制定された。通称「種の保存法」である。これは，野生動植物の種の保存を図ることを目的としており，国内希少野生動植物種と国際希少野生動植物種の両者が対象である。国際希少野生動植物種とは，ワシントン条約附属書Ⅰ掲載種と二国間渡り鳥条約で指定された鳥類を指す。

　ところで，ワシントン条約附属書Ⅰ掲載種の国内取引を規制するため，1987年に「絶滅のおそれのある野生動植物の譲渡の規制等に関する法律」が制定された。この法律はその後，1992年の「種の保存法」に統合された。1987年の法律と1992年の法律は，ワシントン条約の「国内法」と誤解されて呼ばれることがある。日本は1980年に加盟したものの，87年まで国内法を作らなかったという批判もあった。すでに述べたように，日本が加盟するときにワシントン条約の規定は外為法に組み込まれた。したがって，ワシントン条約の国内法（national legislation）は外為法であり，そうした批判は当たらない。ただし，加盟当時，外為法関連法規の改正内容が充分であったかどうかは別の問題である。

　ワシントン条約附属書Ⅰ掲載種は国際希少野生動植物種に指定されており，これらは国内の譲渡は原則禁止されている。ただし，研究や繁殖目的，一部の材料・製品（象牙，べっ甲など）は所定の手続きを経れば譲渡可能である。ワシントン条約は，国際取引に関する条約であることから，条約上，附属書Ⅰ掲載種の国内取引を禁止していない。したがって，「種の保存法」はワシントン条約の履行を補完するという位置づけである。

　「種の保存法」の対象は当初，生きた個体，卵，剥製，標本などに限定さ

れていたが，1994年に改正され，器官（毛皮，皮，角，牙，羽毛，甲羅，花，幹，茎等），加工品（毛皮製品，皮革製品，角製品等）も対象となった。また，一部のものについては登録，事業者の届け出などが必要になった。

「種の保存法」第16条は違法輸入者に対する措置命令を規定している。動植物の個体が違法に輸入された場合，輸入者に対して，輸出国または原産国への返還を命ずることができ，それに従わなかった場合，返還費用を負担させることができるようになった。これは違法に輸入された条約対象種を輸出国へ返還することを求める条約第8条1bを担保している。

種の保存法は，罰則規定が弱く，違法取引の抑止力として充分でなかったことから，2013年に罰則が大幅に引き上げられた。違反した場合はこれまで1年以下の懲役または100万円以下の罰金であったのが，5年以下の懲役または500万以下の罰金となり，法人の場合は1億円以下の罰金を科せられることになった。

「海からの持込み」の対象となるのは，現在は鯨類が主であり，捕鯨船は「漁業法」第52条の「指定漁業」の対象となっている。公海上で操業される捕鯨はすべてが水産庁管轄の調査捕鯨であり，水産庁長官により発給される調査船証明書が「海からの持ち込み」証明書を兼ねることになっている。公海上に分布する海産種が附属書に掲載され，日本が留保していない場合は，「水産資源保護法」にもとづき採捕禁止にするなどで対応することとしている。

外為法第54条は経済産業大臣が権限の一部を税関長に委任することができるとしている。いっぽう，関税法第70条では，他の法令（ワシントン条約の場合，外為法と貿管令）の規定により輸出入に関する許可を必要とする貨物については，許可の有無を税関が確認することになっている。許可の確認が得られない場合は，輸出入が許可されない。

条約締約国の責務として記載されている多くの措置のうち，これまで述べた法令で扱っていない項目は条約第8条1bの没収にかかわるものである。これも，関税法で処理している。関税法第11章第1節は，犯則事件に関する調査を扱っている。所定の手続きを経て，物件の領置，差押さえができることになっており，条約の没収規定に対応している。

また，関税法のもとでワシントン条約対象種の通関可能な港の指定をおこなっている。1985年に関税法施行令第92条3項にもとづき，全国で税関9か所，支所26か所，外国郵便出張所11か所に限定し，より厳格な体制に

変えた。

5. 附属書掲載基準の発展過程

　最初の附属書は1973年のワシントンでの特命全権会議で決まった。附属書の内容は，その後の締約国会議で改正の対象である。新たに附属書に加えられるもの，附属書から削除されるもの，附属書間で移動するものの3とおりがある。附属書改正の決定は，締約国会議で3分の2の賛成票を獲得することが条件である。

　附属書にはどういう種を掲載するべきかという問題は，永らく議論の対象であった。それは，条約条文の基本原則（第2条）に関する条項の文言があいまいだからである。第2条によると，附属書Iには取引の影響を受けているもしくは受けるかもしれない種で，絶滅の脅威にさらされている種を，附属書IIには必ずしも絶滅の脅威にさらされていないが，規制しないとそうなるかもしれない種とそうした種を効果的な規制下におくのに必要なその他の種を掲載する。1976年にベルンで開かれた締約国会議でより詳しい基準（ベルン基準）が合意されたが，「絶滅の脅威にさらされている」という用語は未定義のままであった。

　1989年にローザンヌで開かれた締約国会議で，アフリカゾウが附属書Iに掲載されたことに端を発して，ベルン基準に代わる客観的基準を作るべきだと考えた南部アフリカ諸国が，1992年に京都で開かれた第8回締約国会議で新しい基準を提案した。この締約国会議では新基準は採択されなかったが，次回締約国会議までにIUCNなどの専門機関の協力を得て，新基準を策定すべきという決議が採択された。

　IUCNにおいても，それまでかなり主観的であったレッドリスト掲載基準を見直す作業が1989年から始まっていた。1991年にはメース・ランディ基準とよばれる基準が公表された。南部アフリカ諸国が京都会議で提案した基準もこのメース・ランディ基準に沿ったものである。IUCNのレッドリスト（**第4章参照**）の構造はワシントン条約附属書に似ていることから，条約事務局はIUCNに原案の作成を依頼した。IUCNでは京都会議後，新基準の第一次原案を作成した。この原案をもとに，ワシントン条約の常設委員会・動物委員会・植物委員会の3委員会からなる合同委員会で議論され，最終的に1994年の締約国会議で附属書掲載のための新基準が採択された。これが

決議 9.24 である。

　新基準では，ガイドラインとして個体数，分布面積，減少率に関する数値が示されている．新基準によると，附属書 I には (A) 個体数が少ない，(B) 分布面積が狭い，(C) 個体数の減少が激しいものを掲載する．5 年以内にこれら A，B，C のどれかを満たす場合という副基準 (D) も採用された．附属書 II には，近い将来，A，B，C，D のいずれかを満たす種，過剰捕獲にさらされている種，脆弱な種を掲載するほか，識別の困難な種（類似種）や科や属といった特定の分類群に属する種のほとんどが附属書 II に掲載される場合に残りの種も自動的に掲載するべきとしている．

　新基準が合意された会議では，第 12 回締約国会議までにこの基準を見直すことも了承された．これにもとづき，2000 年以降，複数回にわたり，作業部会・動物委員会・植物委員会で見直し作業が進められた．しかし，当初予定していた第 12 回締約国会議（2002 年 11 月）では決着がつかず，継続審議となった．ただし，会議期間中に設置された臨時作業部会で集中的な議論が深夜までおこなわれ，その結果として作成された作業部会議長テキストが今後の議論の基礎となることが決まった．また，いくつかの分類群を選び，議長テキストが現実に即したものであるかどうかを検証する作業を行うことも同時に決まった．

　2003 年 8 月にジュネーブで開かれた植物委員会・動物委員会は，検証対象となる植物 17 種，動物 24 種を選び，見直し作業を再開させた．検証結果を参考に，2004 年 2 月の植物委員会（ナミビア）で原案が作成された．さらにこの原案が同年 3 月末から 4 月初めに開かれた動物委員会（ヨハネスブルグ）で議論された．動物委員会会合でも合意されなかった項目が 4 点あり，それについては第 13 回締約国会議で再審議されることになった．

　第 13 回締約国会議は，2004 年 10 月にバンコクで開催された．この会議で意見の分かれていた 4 点が議論され，決着をみた．1992 年の京都での第 8 回締約国会議で始まった附属書掲載基準の見直し過程が 94 年の第 9 回締約国会議での決議 9.24 採択を経て，13 年間という長期間にわたった議論が終了した．附属書掲載基準の内容がどう変わっていったかを示したのが表 5 である．より詳しくは，松田ほか（2006）を参照されたい．

　国連食糧農業機関（FAO）も独自に附属書掲載基準の水産種への適用妥当性に関する会議を 2000 年 6 月にローマで，2001 年 10 月にナミビアのウイ

表5 附属書掲載基準の変遷

基準名	附属書Ⅰ	附属書Ⅱ
条文（1973）	取引の影響を受けているもしくは受けるかもしれない種で，絶滅の脅威にさらされている種	必ずしも絶滅の脅威にさらされていないが，規制をしないとそうなるかもしれない種・それらの種を効果的な規制下におくのに必要なその他の種
ベルン基準（1976）	現在絶滅の脅威にさらされている種	現在絶滅の脅威にさらされていなくてもよいが，そうなるかもしれない何らかの兆候がある種・それと同属で識別の困難な種
新基準（1994）	A. 小さい個体群（<5,000） B. 限定分布面積（<10,000 km^2） C. 個体数減少率（5年2世代の長い期間に50%以上減少） D. 5年以内にA, B, Cを満たす	2a A. 近い将来，附属書ⅠのA, B, C, Dを満たす 　　B. 過剰捕獲，脆弱性 2b A. 識別困難種 　　B. 高位分類群
改訂新基準（2004）	A. 小さい個体群（<5,000） 　i) 個体数，面積の減少 　ii) 小さい下位個体群 　iii) 地理的集中 　iv) 個体数の短期変動 　v) 脆弱性 B. 限定分布面積 　i) 分断 　ii) 面積，下位個体群数変動 　iii) 脆弱性 　iv) 減衰 C. 個体数減少率（baselineの5～30%までに減少，10年3世代の長い期間に50%以上減少） 　i) 進行中，再開可能性 　ii) 推量，予期	2a A. 近い将来，附属書ⅠのA, B, Cを満たす 　　B. 過剰捕獲，脆弱性 2b A. 識別困難種 　　B. その他説得に足る理由

ンドフクで開いた。その結果，2004年の第13回締約国会議で最終的に採択された改訂新基準はFAO会議での結論を反映したものとなった。改訂新基準には，「商業漁業対象水生種への減少の適用」に関する詳細な脚注が組み込まれた。

　これら一連の見直し作業には，日本からは筆者の金子ほか多くの研究者・専門家・官僚が参加した。国内でも，検討会議が何度も開かれた。完成した改訂新基準には，その検討結果の多くが反映された。

6. 輸出が種の生存に有害でないという助言

　附属書Ⅱに掲載されている種を輸入するためには，輸出国の管理当局が発給した輸出許可書を提示する必要がある。条約第4条2(a)項によると，輸出許可書を発給するには，輸出国の科学当局からの，輸出がその種の生存に有害でないという助言が必要である。有害でないという助言を与える根拠を non-detriment findings と呼んでいる。つまり，科学当局が，輸出が種の生存にとって無害であると判断しなければならない。この作業を便宜的に「無害証明」と呼ぶことにする。この手続きは，海からの持込みの場合も適用される。

　しかし，条文で規定されているにもかかわらず，なんの根拠もなしに輸出許可書を発給する例が多いという実態があったため，これまで一連の決議が締約国会議で採択されてきた。1992年の京都会議では，科学当局の役割に関する決議8.6が採択された。それによると，科学当局を事務局に通知しなかった国については，条約違反事例として，締約国会議で報告する，科学当局からの所見（findings）や助言（advice）なしで，管理当局は輸出入許可書を発給してはいけない，所見と助言は個体群の状況，分布，個体群の傾向，捕獲採取，その他の生物学的・生態学的要因，取引状況に関する情報にもとづき行うこととなっている。

　同じ会議で，とくに大量取引の対象となっている動物種について，動物委員会がレビューを行い，要件を満たしていないと判断された場合，当事国に一連の勧告を行うことが決まった（決議8.9）。当事国はそうした勧告に対してとった行動を条約事務局に通知する必要があり，この要件が満たされなかった場合，条約事務局は常設委員会に対して，当該種の取引停止を含むきびしい措置をとるよう勧告できる権限が与えられた。取引停止が妥当と常設委員会が判断した場合には，事務局は全締約国に対してその旨注意喚起することになっている。決議8.9は，その後，植物も対象とし，さらにより詳しい手続きを盛り込んだ新決議に置き換わった（決議12.8）。

　国によっては，附属書Ⅱの種について，自発的に輸出量に関する年間割当を設定しているところがある。設定された輸出枠は，条約事務局を通じて全締約国に通知されることになっている。2007年のハーグでの締約国会議では，設定にあたっては，科学当局による無害証明の手続きにもとづくべきこ

とが勧告された（決議 14.7）。

　2013 年にバンコクで開かれた第 16 回締約国会議では，無害証明に関する決議 16.7 が採択された。この決議で，必ずしも拘束力はないとしながらも，科学当局が無害証明をおこなうさいに考慮すべき概念と指針が特定された。それによると，無害証明は科学的評価にもとづくこと，方法論は柔軟であること，順応的管理が重要であること，としている。そして，科学的調査，文献の精査，地域住民の知識，専門家との協議など，さまざまな情報源から種の生物学・生活史，分布，個体群構造，脅威，管理措置，個体数モニタリング結果，保全状況などの情報を入手したうえで，無害証明をおこなうこととしている。また，締約国は無害証明の方法論を追求し，自国の経験や方法論をほかの国と共有し，途上国に協力（財政的，技術的支援を含む）するよう求めている。

　この決議で，途上国への配慮を謳っているのは，無害証明の指針が途上国には荷が重いかもしれないとの認識があったからである。すでに述べたように，附属書Ⅱには約 35,600 種／亜種が掲載されている。種の多様性は熱帯地方など途上国に高く，莫大な種数が附属書掲載対象になっているはずである。拘束力はないとはいえ，決議 16.7 に示された指針にどれだけそうした途上国が応えられるだろうか。さらに，今後ますます海産種が附属書に掲載されていく可能性が高いことから，どこまで説得力のある無害証明ができるか，という問題も残っている。

7. 水産種の附属書掲載状況

　最初の附属書は 1973 年の条約採択時に作成された。この時点で，すでに多くの水産種が附属書に掲載されていた。たとえば，附属書Ⅰには鯨類の一部やジュゴンの特定個体群などの哺乳類，ケンプヒメウミガメやシャムワニなどの爬虫類，ウミチョウザメ，アジアアロワナ，メコンオオナマズなどの魚類が，附属書Ⅱには鯨類のほとんど，アオウミガメやアカウミガメなどの爬虫類，シーラカンスなどの魚類が掲載されていた。

　しかし，いわゆる商業漁業対象魚種がワシントン条約の場で初めて大きな話題になったのは，1992 年に京都で開かれた第 8 回締約国会議でのことであった。スウェーデンがクロマグロの西部大西洋系群を附属書Ⅰ（商業取引禁止）に，東部系群・地中海系群を附属書Ⅱ（取引許可制）に掲載する提案

を提出した。この提案はそもそも，オーデュボン協会の Carl Safina 氏が作成し，WWF がスウェーデン政府に働きかけて提出してもらったものである（NHK 取材班 1992）。この提案の対案として，会議期間中，カナダ・モロッコ・日本・アメリカが大西洋まぐろ類保存国際委員会（ICCAT）に対してクロマグロの管理体制の改善を促す内容の決議案を共同提案の形で提出した。スウェーデン政府はこの決議案により ICCAT に対して明確なメッセージを発信することができたとして，提案を撤回，クロマグロは規制対象とならなかった。

提案を作成した Carl Safina 氏は，クロマグロを提案対象に選んだ理由として，「カリスマ的でマスコットになる魚を探そうと思った。人々が自分と関係づけられるものがいい。最初，人間と同じ高次捕食者であるサメがいいと思ったが，データを集めるのに 1 年も必要だろう。それにサメはかわいくない。クロマグロがいちばんいい選択だと思った」と回想している（Seabrook 1994）。WWF-Sweden を通じてスウェーデン政府に提出を働きかけた WWF-US の Mike Sutton 氏は，「生物学的特性にくわえ産業規模から究極の政治的魚となった」と述べている（Seabrook 1994）。

このクロマグロ提案を皮切りに，以降毎回の締約国会議で商業魚種に関する議論が続いている。94 年には，フォートローダデール会議に向けて，ケニアがクロマグロとミナミマグロの附属書掲載提案を提出した。この提案は，会議前にケニアが撤回したため，会議の場では審議されなかった。ケニアの撤回により附属書改正提案こそなかったものの，アメリカが提出したサメの部分と製品の取引に関する議題が審議された。その結果，締約国はサメ類の取引と生物学に関する情報を提出すること，動物委員会は提出された情報をレビューすること，サメの取引と生物学に関する議論用文書を次回締約国会議前に作成すること，FAO や地域漁業管理機関は追加情報を収集するための事業にとりかかること，などを求めた決議 9.18 が採択された。

97 年のハラレ会議では，ドイツ・アメリカ共同提案による附属書未掲載のチョウザメ類全種を附属書 II に掲載する提案が審議され，採択された。アメリカはノコギリエイ類全種の附属書 I 掲載提案を提出したが，否決された。

2000 年のギギリ会議では，ジンベエザメの附属書 II 掲載提案（提案国アメリカ），ホホジロザメの附属書 I 掲載提案（オーストラリア），ウバザメの附属書 II 掲載提案（イギリス）が提出されたが，いずれも否決された。いっ

ぼう，フランス・ドイツとインドネシアは新種のシーラカンスを附属書Ⅰに掲載する提案を提出し，すでに掲載されているシーラカンスとともにシーラカンス属全種の附属書Ⅰ掲載が決定した。

　2002年のサンティアゴ会議では，マゼランアイナメ（オーストラリア），ライギョダマシ（オーストラリア），メガネモチノウオ（アメリカ），ウバザメ（イギリス），ジンベエザメ（インド・フィリピン・マダガスカル），タツノオトシゴ属全種（アメリカ）が附属書改正提案の対象となった。マゼランアイナメはメロもしくは銀ムツとも呼ばれており，日本でも大量に消費されている。ライギョダマシの掲載提案は，類似種規定を適用してのものである。しかし，関係国の反対が強かったこと，「南極の海洋生物資源の保存に関する条約（CCAMLR）」という国際取り組みを強化するとの決議案が提出されたことから，オーストラリアは提案をとりさげた。前回の締約国会議でも提案されたウバザメとジンベエザメについては，第1委員会で否決されたものの，全体会議で再審議が認められ，いずれも附属書Ⅱ掲載が決定した。「海馬」として知られる漢方薬の材料であり，またペットとしても人気が高いタツノオトシゴ類全種を附属書Ⅱに掲載する提案は，圧倒的な賛成票を得た。メガネモチノウオ（ナポレオンフィッシュ）の提案は否決された。

　2004年のバンコク会議で附属書改正提案として出されたのは，ホホジロザメ（オーストラリア・マダガスカル）とメガネモチノウオ（フィジー・アメリカ・アイルランド）に関するものである。ホホジロザメは，これまでの附属書Ⅲから附属書Ⅱに移す提案である。メガネモチノウオは，前回否決されたことを受けての再提案である。

　2004年の会議がこれまでの会議と異なる点は，商業的な漁業の対象となっている魚類に関する附属書改正提案が提出された場合，FAOが提案分析のための専門家会合を招集し，その結果を条約事務局に提出するとともに，締約国会議の場でも情報文書として配布するようになったことである。ホホジロザメについて，FAO代表は，専門家会合は現在利用できる情報のみでは，支持することも反対することもできないという結論に達したことを紹介したが，採択された。メガネモチノウオについては，FAO専門家会合の結論は附属書Ⅱ掲載支持であり，コンセンサスで採択された。

　2007年のハーグ会議では，多くの魚種が附属書改正提案の対象となった。提案されたのは，ニシネズミザメ（EU），アブラツノザメ（EU），ノコギリ

エイ類（ケニア・アメリカ），ヨーロッパウナギ（EU），アマノガワテンジクダイ（アメリカ）であった。附属書Ⅰ掲載のノコギリエイ類を除けば，すべて附属書Ⅱ掲載提案であった。魚類ではないが，このほかにアメリカイセエビ類（ブラジル）と宝石サンゴ類（アメリカ）の附属書Ⅱ掲載提案も議論された。これらのうち採択されたのは，ヨーロッパウナギとノコギリエイ類の提案で，その他は否決もしくは撤回されている。

　2010年のドーハ会議は，クロマグロ一色という状況であった。モナコが大西洋クロマグロの国際取引を禁止するため附属書Ⅰに載せる提案を出したのである（詳しくは第2章参照）。EUは審議過程で，モナコ原案を大幅に緩める修正案を提示した。途上国を中心に多くの国が附属書Ⅰ掲載に反対する発言をおこない，賛成発言をしたのはアメリカやケニアなどごくわずかであった。EU修正案，モナコ原案の順で投票にかけられ，いずれも大差で提案が退けられた。サメ類はこれまでジンベエザメ，ウバザメ，ホホジロザメが附属書Ⅱに掲載されていたが，ドーハ会議では，新たにシュモクザメ類，ヨゴレ，アブラツノザメ，ニシネズミザメを附属書Ⅱに掲載する提案が出された。前2提案はアメリカとパラオ，後2提案はEUとパラオによるものである。アブラツノザメとニシネズミザメは，前回のハーグ会議でも提出され，いずれも否決されていた。ニシネズミザメは第1委員会で可決したものの，全体会議で否決，その他のサメは採択に必要な3分の2には届かず第1委員会で否決された。宝石サンゴ類は，前回，アメリカによる提案であったが，今回はアメリカ・EUの共同提案であった。ハーグ会議と同内容の提案で，投票の結果，前回よりもさらに反対国が増えて，否決された。

　2013年のバンコク会議では，ヨゴレ（アメリカ・ブラジル・コロンビア），シュモクザメ類（ブラジル・コスタリカ・ホンジュラス），ニシネズミザメ（EU），ノコギリエイ（オーストラリア），マンタ類（ブラジル・コロンビア・エクアドル），淡水エイ類（コロンビア提案とコロンビア・エクアドル共同提案）の提案があった。淡水エイ類は内容の異なる2提案が提出されていた。ノコギリエイ類は，これまで1種だけが附属書Ⅱ，その他の種が附属書Ⅰであったものを，すべて附属書Ⅰにする提案であった。これ以外の提案は，これまで条約対象外であったものを新たに附属書Ⅱに掲載する提案であった。ヨゴレ，シュモクザメ類，ニシネズミザメはすでに述べたように，過去にも提案され，すべて否決されていた。これらの提案のうち，淡水エイ類をのぞ

表6 ワシントン条約対象魚種と附属書掲載決定年

学名	和名	附属書	掲載決定年
Probarbus jullieni	タイガーバルブ	I	1973
Chasmistes cujus	クイウイ	I	1973
Pangasianodon gigas	メコンオオナマズ	I	1973
Neoceratodus forsteri	オーストラリアハイギョ	II	1973
Arapaima gigas	ピラルクー	II	1973
Scleropages formosus	アジアアロワナ	I	1973
Acipenser sturio	バルチックチョウザメ	I	1973
Acipenser breviostrum	ウミチョウザメ	I	1973
Acipenseriformes spp.	チョウザメ類	II	1973, 1992, 1997
Latimeria spp.	シーラカンス類	I	1973, 2000
Totoaba macdonaldi	トトアバ	I	1976
Caecobarbus geertsii	カエコバルブス	II	1981
Rhincodon typus	ジンベエザメ	II	2002
Cetorhinus maximus	ウバザメ	II	2002
Hippocampus spp.	タツノオトシゴ類	II	2002
Cheilinus undulatus	メガネモチノウオ	II	2004
Carcharodon carcharias	ホホジロザメ	II	2004
Pristidae spp.	ノコギリエイ類	I	2007
Anguilla anguilla	ヨーロッパウナギ	II	2007
Lamna nasus	ニシネズミザメ	II	2013
Sphyrna lewini	アカシュモクザメ	II	2013
Sphyrna mokarran	ヒラシュモクザメ	II	2013
Sphyrna zygaena	シロシュモクザメ	II	2013
Carcharinus longimanus	ヨゴレ	II	2013
Manta spp.	マンタ類	II	2013

注）附属書は現時点での区分。ウバザメは2000年の締約国会議で附属書II掲載提案が否決されたのを受け，同年，イギリスが附属書IIIに掲載した。ホホジロザメは2000年の締約国会議で附属書I掲載提案が否決されたことから，2001年にオーストラリアが附属書IIIに掲載した。

くすべての提案が採択された。シュモクザメ類提案は，アカシュモクザメ，ヒラシュモクザメ，シロシュモクザメを対象としており，すでに附属書IIに掲載されているジンベエザメ，ホホジロザメ，ウバザメにくわえ，バンコク会議で掲載が決まったヨゴレ，ニシネズミザメと合わせて，8種のサメが条約規制対象になったことになる。

2015年4月現在，ワシントン条約の規制対象となっている魚種は，淡水産と海産を含め25種類である（表6）。チョウザメ類は27種，タツノオトシゴ類は54種，シーラカンス類は3種，マンタ類は2種，ノコギリエイ類は7種であるから，合計すると111種の魚類が附属書に掲載されていることになる。この表からわかることは，1981年のカエコバルブス以降，1997

年のチョウザメを除けば，2002年まで20年間，魚類の附属書掲載が行われていないことである。もちろん，クロマグロ提案はあったが，採択はされなかった。もう1つわかることは，2002年以降に掲載された魚類13種類のうち11種類が純海産種であることである。ノコギリエイとヨーロッパウナギも海とのかかわりの強い種であることから，ワシントン条約は規制対象目標を海産種に大きくシフトさせてきたと言うことができる。

　筆者は，2007年のハーグ会議終了後，条約の関心は海産種に向かうのではないかと予測した（金子2007a, 2007b, 2010）。その理由として，①条約事務局が海産種を対象にすることを歓迎している，②アメリカとEUが海産種を対象にすることに熱心である，③陸上の種は主だったものがすでに対象になっており，新たに探すとなると海産種しか残っていない，④資源問題というより環境問題として捉える傾向がある，⑤FAO専門家パネルの結論には反対しづらい，という5点を挙げた。大西洋クロマグロの提案が審議された2010年のドーハ会議では，海産種6提案はことごとく否決された。しかし，2013年のバンコク会議では，海産種に関する提案がすべて可決し，ハーグ会議後の予測が的中した。当面，陸から海へという流れが続くのではないかと思われる。

文献

金子与止男　2007a．水産資源規制に乗り出すワシントン条約．エコノミスト **85**(44): 46-49．
金子与止男　2007b．水産資源をめぐるワシントン条約の近年の動向．日本水産学会誌．**76**(2): 263-264．
金子与止男　2010．ワシントン条約と水産生物．海洋と生物 **32**(4): 299-308．
松田裕之・矢原徹一・石井信夫・金子与止男（編）2006．ワシントン条約附属書掲載基準と水産資源の持続可能な利用（増補改訂版）．社団法人自然資源保全協会（非売品）．
NHK取材班　1992．トロと象牙．日本放送出版協会，東京．
Seabrook J. 1994. Death of a giant. *Harpers Magazine*, June: 48-56.

かねこ　よしお　岩手県立大学総合政策学部

第2章
ワシントン条約とクロマグロ掲載問題

中野 秀樹

　ワシントン条約（CITES）は「絶滅に瀕した動植物の保護」を目的として1975年に発効した国際条約であるが，1990年代から海産種の保護に対する議論が高まってきた。そのなかで現在も継続して議論が行われているのはサメ類の保護問題であるが，海産種の象徴的な存在としてマグロがこれまでに何度もCITESの議論の俎上に上がった。種としてのマグロの保護が国際的な議論の俎上に初めて上がったのは1992年に京都で開催された第8回締約国会議（CoP8）の時である（魚住2010）。このときはスウェーデンによって大西洋クロマグロ *Thunnus thynnus* のCITES附属書掲載提案が提出されたが，紆余曲折の議論のすえ会期中に取り下げられた。1994年のCoP9にケニアによって大西洋クロマグロは再び提案されたが，この提案は会議直前に撤回されている。その後しばらくして2010年のCoP15にモナコにより再度大西洋クロマグロの附属書掲載提案が提出されたが採決の結果，否決された。本章では2010年のCoP15でのクロマグロ提案に至る経緯をひとつのケーススタディとし，CITES附属書掲載基準およびその問題点について議論する。

1. 大西洋クロマグロのワシントン条約附属書提案までの経緯

　マグロは世界に8種生息するが主に6種類が商業的に世界規模で漁獲されている。その6種類とは大西洋クロマグロ，太平洋クロマグロ *Thunnus orientalis*，ミナミマグロ *Thunnus maccoyii*，ビンナガ *Thunnus alalunga*，キハダ *Thunnus albacares*，メバチ *Thunnus obesus* である。これらマグロ資源はすべて世界に5つあるマグロ漁業国際管理委員会で管理されているが，大西洋クロマグロについては，その資源状態に懸念がもたれたことから上述した様に何度かワシントン条約の議論の俎上に上がった。

　大西洋クロマグロの2010年の掲載提案の場合，その半年以上前，2009

年の7月にモナコによる附属書掲載提案の提出の情報が流れた。それ以降，同年9月には大西洋クロマグロの管理機関である大西洋まぐろ類保存委員会（ICCAT，図1）の科学委員会で資源状態についての議論がされ，さらに10月にはICCATの大西洋クロマグロ特別会合が開催された。さらに11月にはICCAT科学委員会の議論を受けて，ICCAT年次会合（行政官会合）がブラジルのレシフェで開催され，大西洋クロマグロの新たな管理規制を導入した。そして12月には国連食糧農業機関（FAO）で海産種に関するCITES附属書掲載提案を審議する専門家会合がもたれた。そして翌年3月にカタールのドーハで開催されたCITES締約国会議（CoP15）で審議，採決されたのである。本稿ではこれら会議で行われた議論の経緯について紹介したい。

2. モナコ提案とCITESクライテリア

　CITESは種の絶滅を動植物の国際商取引を制限することにより回避しようという国際条約である。生物種の保護は絶滅の危惧がある種を附属書に掲載し，商取引の禁止を含め貿易の制限を実施することにより達成される。附属書には種の絶滅危惧の度合いによりI，II，III類の区分があり，それぞれIは商業取引の禁止，IIは輸出国の輸出許可を受けて商取引が可能なもの，IIIは各締約国が自国における採取や捕獲を防止するために他国の協力を要請するものとなっている。CITESではこの提案根拠となる絶滅のリスクを判断するための基準（クライテリア）を設けている。

　このクライテリアは3つの基準で構成されている（GGT 2006）。A) 個体数が少ない，B) 分布域が狭い，C) 個体数の著しい減少，という3つである。A) の「個体数が少ない」とは，5,000個体程度が目安とされる。B) の分布域の狭さは，20,000km^{2}くらいが目安と言われている。C) の減少クライテリアと呼ばれるものは，個体数の基準レベル（baseline）から5～20%までへの減少が目安とされる。この3つのクライテリアいずれか1つに適合すれば，絶滅危惧種と評価され附属書掲載を提案する要件を満たしているとされる。ただし，この要件を満たせば自動的に附属書に掲載されるわけではなく，その適否はCITES締約国会議により審議されることになっている。（コンセンサスで合意が得られない場合は，投票による2/3以上の賛成で採択される）。

　モナコによる大西洋クロマグロの提案は，このクライテリアCを根拠と

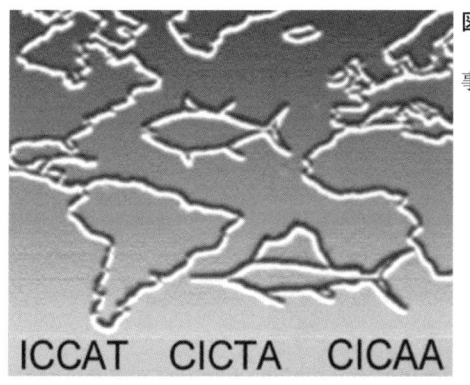

図1 大西洋まぐろ類保存委員会（ICCAT）のロゴ
事務局はスペインのマドリッドである。

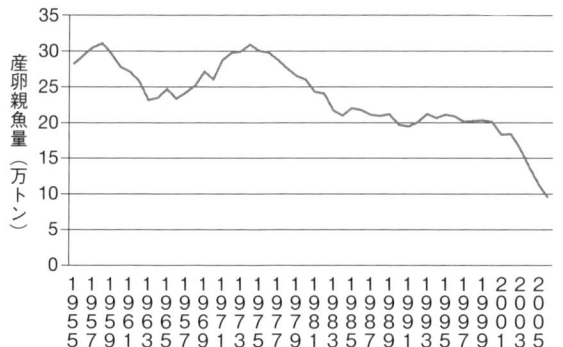

図2 大西洋クロマグロ地中海系群の親魚資源量（5歳以上）の変遷
（ICCAT2008 より）

して大西洋クロマグロの絶滅可能性を主張していた。CITES クライテリアは水産種の場合，FAO の修正条項により，種の生産性の高低を高中低の3段階に分け，それぞれ基準の資源量から5〜10%，10〜15%，15〜20% 以下の場合に適合するとしている。大西洋クロマグロは低生産性であるとして，減少率として20% が当てはまるとした。また減少率算定の基準となる資源水準（基準レベル）としては，資源評価が行われた1955年以降の最大親魚重量を用いている。その結果，地中海系群は，現在水準は，過去最大値の25.8% であり（図2），将来，18% まで減少する（未開発時からすると6%）と予測されているとし，一方の西系群は，現在既に 17.6% にまで減少しているとした。これらのことから，モナコ提案では，両系群とも減少クライテリアに合致していると結論し，附属書I掲載を主張した。

図3　ICCAT大西洋クロマグロ資源評価会議の様子

3. ICCATによる大西洋クロマグロの資源評価

　大西洋クロマグロは，ICCATによって国際管理されている。本種はメキシコ湾に産卵場を持つ西系群と地中海に産卵場を持つ東系群という東西の系群単位で管理が行われている。資源状態はICCATの科学委員会（SCRS）によって調査されている(図3)。モナコ提案それ自体や関連した様々な議論も，基本的に2008年にSCRSによって行われた資源評価結果に基づいて行われた（ICCAT 2008）。以下に，資源評価結果の概略を特に議論の中心となった東系群について記す。

　地中海クロマグロ資源（東系群）の現状は，適正とされるMSY（資源管理の概念や用語は第5章を参照）を与える漁獲圧（F_{msy}）と比較して漁獲圧は約3倍であり，親魚資源量（5歳以上）は適正であるMSYを与える親魚量（SSB_{msy}）の25〜50%前後にまで減少してしまっている極度の乱獲状態と言える（ICCAT 2008）。1955年以降の親魚の資源量と親魚に対する漁獲係数の経年変化を図4に示した。この図からも明らかなように，親魚への漁獲圧は2000年以降急激に上昇し，それに伴い親魚資源量は減少している。過剰漁獲によって資源が過度の乱獲状態になっていることを明白に示しており，資源管理上きわめて深刻な状態と言える。これを根拠にモナコ提案も作成されている。

　漁獲の動向等を図5に示した。ICCATの漁獲規制としては，1998年に総量規制（漁獲可能量：TAC）が導入されている。その直前に，図でも明らかなように規制導入前の実績づくりのための漁獲の急増が生じている。その後，実績よりも低いTACの設定のため，報告された漁獲量は規制内であったに

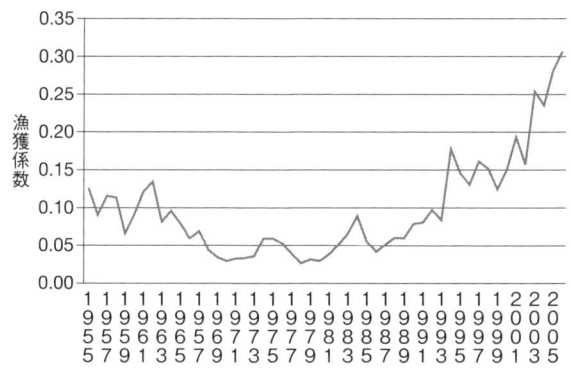

図4 大西洋クロマグロ地中海系群の親魚（5歳以上（に対する漁獲係数の変遷（ICCAT2008より）

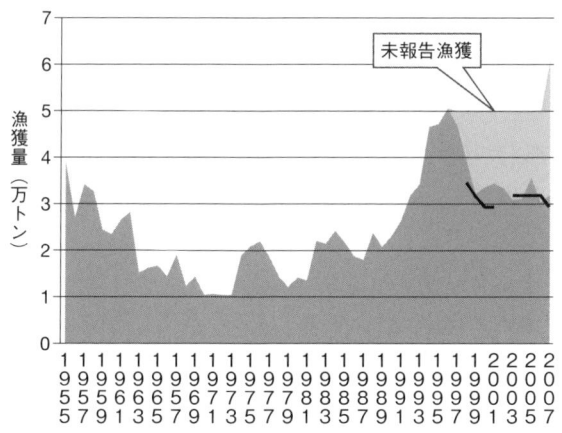

図5 大西洋クロマグロ地中海系群の漁獲の変遷
実線は漁獲可能量（TAC）を示す。

もかかわらず，実際の漁獲はそれよりはるかに多いことが判明した。2007年の実際の漁獲はTACのほぼ2倍と推定されている。この漁獲実態は，天然のマグロを漁獲し，生簀で太らせて出荷する「畜養」の急速な増大のためである。過剰投資によって作られた生簀への供給のため，実際の割り当て量よりもはるかに多い量が必要であったわけである。このTACを大幅に上回る違法な漁獲が資源を極度の乱獲状態に陥れた。ICCATの管理が失敗したのは明白な事実と言える。

4. ICCAT 特別部会

大西洋クロマグロ資源を管理しているICCATでは，モナコ提案に関する審議を行う特別部会を開催し，大西洋クロマグロのCITESクライテリアへ

の適合に関して審議した（ICCAT 2009）。モナコ提案では，1955年以降に観測された最大親魚量（SSB_{max}: maximum Spawning Stock Biomass）を資源の減少を検討するための基準レベルに用いていたが，ICCATでは，CITESのクライテリアに示されている「基準レベルは，できるだけ過去にさかのぼるべきである。」という点を考慮し，漁獲の影響がない状態（漁獲のなかった処女資源の状態）における親魚量（SSB_0）を資源の基準レベルとした。大西洋クロマグロは，ローマ時代より利用されており，モナコ提案が基準値とした1955年より前でも大西洋クロマグロは漁獲されていた。そのため観察されたSSB_{max}では，基準レベルの過少推定になると考えたからである。

資源開発前の親魚量SSB_0は，処女資源の状態での親子関係を想定しなければ推定できないが，そのような情報はまったく得られていない。現在の資源状態での親子関係から，現状からかけ離れた明らかに未知の状態での関係をきわめて大胆に外挿することになる。その結果SSB_0は，地中海系群のSSB_{max}が約30万トンと推定されている一方で，様々な仮説に基づき最低でも100万トン，最大では28億トンという途方もない数値となった。資源減少の基準値をSSB_{max}とした場合，大西洋クロマグロに適用される基準である，減少割合が20％以下になる確率は30％程度，15％以下になる確率は20％程度であるが，基準値をSSB_0とした場合はこの基準を下回る確率は100％であった。基準への適合の検討は，様々な情報を用いて大胆極まりない推定をしているにもかかわらず，ICCAT特別部会では，その信憑性については踏み込まずに結果のみを記述した。また種の絶滅を検討する別のアプローチである絶滅リスクを様々な生物学的情報を用いて検討することはなされなかった（魚住2010）。そのため，これらの推定過程を知らずに，このレポートを見れば，基準値を資源開発前の親魚量SSB_0とした場合の検討結果を予防原則という視点からも重視すべきと考える人は多くなるだろう。

5. ICCAT 年次会合

ICCATの年次会合が2009年11月，ブラジルのレシフェで開催された（図6）。この会議の最大の焦点はCITES締約国会議に掲載提案が出ている大西洋クロマグロ資源についてどのような管理措置を導入するかであった。同委員会は東大西洋の系群について，2009年のTAC，22,000トンから，2010年は13,500トンに4割の削減を行うことを決定した（水産庁2009）。また，

図6 ICCAT年次会合（2009年）
ワシントン条約締約国会議CoP-15の前年2009年にブラジルのレシフェで開催された。大西洋クロマグロの新たな規制案が採択された。

過剰な漁船の削減，産卵期の禁漁期間の拡大等を決定した。さらに，2008年に決定された漁獲証明制度の導入等により規制遵守の適正化が大いに進んだことも明らかとなった。また，この制度を受け，2010年初めに日本は2,000トンを超えるクロマグロの輸入差止め措置を講じている。モナコの大西洋クロマグロ掲載提案を契機とし，かなりの改善が図られたことも事実である。

6. FAO専門家会合

　CITES締約国会議の場で水産種に関する審議が増加していく中で，CoP13において水産種の掲載提案に関してはFAOの専門家による事前審議を行うことが合意された。これを受けてFAOでは，漁業資源がCITES提案された場合は専門家を招へいし，FAOとしてその提案が適切なものか否かを独自にCITES基準への適合にポイントを置いて審議している。大西洋クロマグロの掲載提案についても他の水産種の掲載提案と合わせてFAOは専門家を招聘し審議を行った（FAO 2010）。この会合では，ICCATが提供した2つの基準値，漁獲開始後の最大親魚量と漁獲開始前の親魚量（SSB_{max}とSSB_0）のいずれが適切かという点に議論が集中した（魚住2010）。CITESクライテリアそのものからすると，上述したように「可能な限りさかのぼる」ことがよしとされているが，ICCATが推定したSSB_0が果たして信用できるものかという点が問題となった。SSB_0使用の反対の理由の主なものを以下に示す。

図7 国連食糧農業機関（FAO）のロゴ
本部はイタリアのローマにある。

- SSB_0 の推定値は，親子関係の仮定にきわめて大きな影響を受ける（上述），そのため，推定値の信頼性はきわめて低い。
- 1950年以前は小規模漁獲の影響しか受けていない。それを考慮すると1950年当初のSSBに比べ，推定されたSSB_0はあまりにも大きすぎる。（SSB_0からSSB_{max}への減少が説明できない）
- 再生産力の長期的変動が観測されており，それに伴いSSB_0も長期的に変動する。その規模は10倍近いと推定されている。

結局，この会議ではSSB_0を基準値とした場合の結論については両論併記となったが，大多数の出席者はSSB_0を基準値とした結果を支持していた。FAOのこの専門家会合も，クライテリア以外での絶滅リスク評価は行っていない。

7. CITES CoP15 での議論

2010年3月12日から25日まで中近東にあるカタールの首都ドーハにおいてワシントン条約第15回締約国会議（CITES CoP15）が開催された。今回は大西洋クロマグロの附属書Ⅰへの掲載提案が提出され，その是非が議論の俎上に上がったため，新聞やTVを中心にメディアでも頻繁に取り上げられ，一般の関心も高かった。

大西洋クロマグロの掲載提案は3月18日の午後に審議があった。モナコの提案説明，EUの修正案の説明の後でデスカッションに入った。次々と各国が意見表明するなかで，掲載に反対する意見が圧倒的で，明確な賛成意見はケニア，アメリカおよびWWFのみであった（ノルウェーは10年後の自動的なダウンリストを条件に賛成）。一方，掲載反対意見を表明したのは，カナダ，インドネシア，チュニジア，UAE，ベネズエラ，チリ，日本，グ

図8 カタールで2010年に開催されたCITES第15回締約国会議(CoP-15)の会場入り口風景

レナダ，韓国，セネガル，トルコ，モロッコ，ナミビア，リビアであった．加盟国の後でICCAT，FAO，WWFなどが意見表明，その後リビアがモナコ提案の問題点を指摘しつつ，反対国が多い状況を踏まえただちに投票に移るよう動議を出した．これに対し，状況不利と見たモナコやアメリカ合衆国が議事の中断を求めたが，投票によりこれが否決され，アイスランドの動議による秘密投票が10か国以上の支持を得て，まず，より緩い規制である，EU提案（条件付き附属書Ⅰ掲載提案）が秘密投票により投票に付された．EUによる修正内容は，「附属書Ⅰ掲載が採択されても，その発効を2011年5月まで延期し，その間，動物委員会および常設委員会でICCATによる規制の効果等を基に附属書掲載の是非を判断する」，「仮に附属書Ⅰ掲載が発行したとしても，資源が回復して附属書Ⅰ掲載基準に合わなくなった場合は，条約寄託国のスイスが附属書Ⅱへの改正提案を行う」というものであった．EU提案は，投票の結果，賛成43，反対72，棄権14で否決された．引き続き，オリジナルのモナコ提案が投票に付されたが，賛成20，反対68，棄権30でモナコ提案はあっさりと否決されてしまった．

8. CITESクロマグロ掲載問題の反省点

　さて，CITESは日本語名で「絶滅のおそれのある野生動植物の国際取引に関する条約」であるので，その附属書への掲載提案種は絶滅のおそれがあるわけであるが，大西洋クロマグロの掲載提案に関しては絶滅危惧があると考えている人は少なかったように思う．アメリカ合衆国の環境保護団体が，

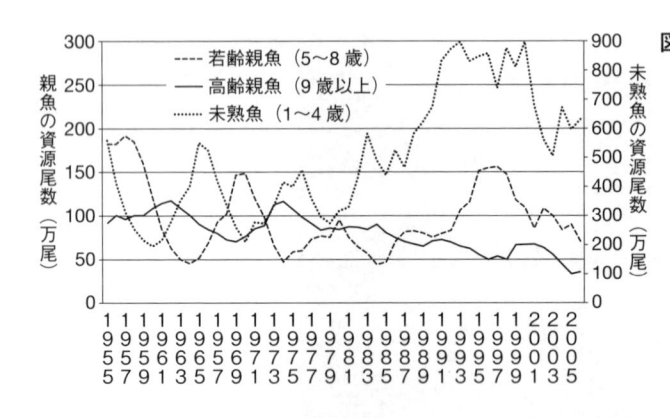

図9 大西洋クロマグロ地中海系群の年齢群別資源尾数の変遷
(ICCAT 2008 より改変)

モナコ提案へアメリカ合衆国が賛成するようアメリカ海洋大気圏局（NOAA）の長官に当てた公開書簡の中で，彼らは「commercial extinction」という表現を使っている。この用語は，生物学的絶滅（biological extinction）とまったく別の意味を持つものである。資源水準が低下し，商業活動としての漁業が成り立たなくなる水準に達することを意味している。すなわち，環境保護団体も，クロマグロの生物学的な絶滅リスクを信じていないことを暗示させるものである（魚住2010）。

大西洋クロマグロの資源量の変遷を年齢別の尾数で見てみよう。現在，地中海系群の親魚は，約100万尾いる（図9）。極度の減少をしたのは図でもわかるように9歳以上の親魚で，1955年以降30%にまで減少している。一方，5〜8歳までの若い親魚は，近年減少傾向はあるものの1975年レベルよりも現在でも20%程度多くなっている（図9）。また，4歳以下の未熟魚を見ると，これも近年減少傾向にあるとはいえ1970年代以前よりも高い水準にある。このような個体群が今まさに絶滅に瀕しているとはいえない。ICCATでも1万トン前後の漁獲を継続しながらでも，資源の回復が十分可能であると試算しているのは，このような資源状態だからである。

なぜこのようなことが起きたかというと，CITESに関して活動する環境保護団体のなかにはCITESの附属書にある種を掲載したことで，種を絶滅から守ることができたので，彼らの活動の勝利であるとする見方がある（赤嶺ら2010）。多くの環境保護団体は寄付金で賄われており，寄付者に対してアピールする必要がある。そのような政治的なモーメントが働いているのが1つ。もう1つの要因はCITESクライテリアの欠点である。またICCATの

資源管理がうまく機能していなかったことへのフラストレーションもあっただろう。

先述したように CITES のクライテリアは 3 つの基準で構成されている。それは A) 個体数が少ない，B) 分布域が狭い，C) 個体数の著しい減少，という 3 つである。A) の個体数が少ないとは，5,000 個体程度が目安とされる。B) の分布域の狭さは，20,000km^2 くらいが目安と言われている。C) の減少クライテリアと呼ばれるものは，個体数の基準レベルの 5〜30% までへの減少が目安とされる。この 3 つのクライテリアいずれか 1 つに適合すれば，絶滅危惧種と評価される。

クライテリアそのものは，国際自然保護連合（IUCN）のレッドリスト掲載クライテリア（IUCN 2001, 2008；第 4 章参照）とほぼ同じもので，保全生物学的な検討を経て，ほとんど定量的な情報を持たない種について，その絶滅リスクを把握するために工夫されたもので，その点においてはよくできたものと評価される。一方，最もよく知られた欠点が，減少クライテリアについてである（魚住 2003; GGT 2006）。前述したように減少クライテリアは，開発の進んだ水産資源へ適用した場合，多くの個体群が絶滅危惧種であると判定されてしまう。この欠点を是正するため，FAO によって，水産資源への適用時の修正案が提示された。これを受けて，CITES クライテリアには，水産資源に関する特別な扱いが決められている（GGT 2006）。

水産資源については，この減少率（5〜30%）について，各種の生物学的特性（特に再生産特性）によって，高・中・低の 3 つのグループに分けて，減少度合いをそれぞれ 5〜10%，10〜15%，15〜20% を適用するとしている。しかし，このような改良もクライテリアの欠点を克服するには至っていない。

この減少クライテリアの欠点は，個体数の多い個体群へ適用した場合，絶滅リスクを過大評価することである。たとえば，同じ過去からの減少で 10% になった個体群でも，一方は 500 個体しか残っておらず，一方は 100 万個体残っているとすれば，今後の絶滅リスクは大きく異なるはずである。また，この減少までにかかった時間が一方は 10 年足らずであり，一方は 100 年以上であれば，今後の絶滅リスクはやはり異なるだろう。たとえば，この減少基準では太古から長い年月をかけて減少してきたが，まだ多く残っている日本のスギやマツ等もの絶滅危惧種と評価されてしまうのである。

このクライテリアは，そもそも，個体群に関する定量的な情報をほとんど

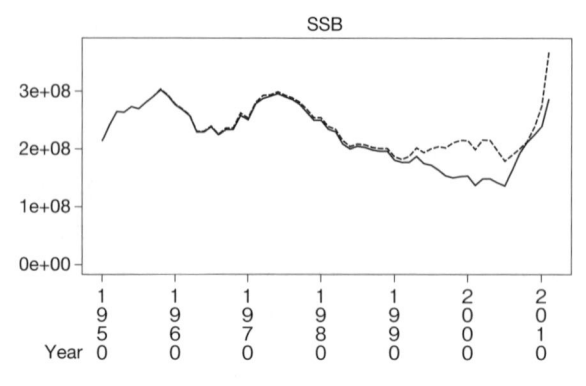

図10 大西洋クロマグロ東系群の親魚資源量の変遷（ICCAT2013より改変）
実線は報告漁獲量に基づく計算、破線は1998年以降に未報告漁獲量があったと仮定した場合。

持たない種に対して適用できるように考えられ，絶滅危惧種について早急に判断ができるように設定されている．そのため，上述したような欠点を容認している．保全生物学者は，個体数が膨大にあるような個体群へこのクライテリアを適用することは想定していないのである．もちろん，現存量と言った定量的な情報を持たない場合には，この基準は有効に働くだろう．しかし，大西洋クロマグロのように現存量を含め，多くの情報が存在すれば，このクライテリアから離れて，適切に絶滅リスクを評価できる方法は存在するのである（魚住2003; GGT 2006）．この減少クライテリアの盲目的な使用を許容したことが科学的にはCITES掲載問題の最大の反省点であろう．

9. 大西洋クロマグロ資源のその後

大西洋クロマグロのCITES掲載提案に関する論点は主に2つであった．それは1つは水産資源は地域漁業機関で管理するべきか，地域漁業機関が管理を失敗した場合はCITESで保護すべきという議論であり，もう1つはCITESの絶滅危惧の基準は水産種に当てはまるのかという点であった．

大西洋クロマグロ資源はICCATがCITESの前年である2009年に漁獲枠を22,000トンから13,500トンに大幅に縮小して以降，順調に回復した（図10）．2013年のICCAT科学委員会の報告書には大西洋クロマグロの資源状態について以下のように述べている（傍線は著者）．

The updated assessment results indicated that the spawning stock biomass (SSB) peaked over 300,000 tonnes in the late 1950s and early 1970s and then declined to about 150,000 tonnes until the mid-2000s. <u>In the most recent period, the SSB showed clear signs of increase in all the runs that have been investigated by the Committee</u> (ICCAT 2013).

ここで報告書は「直近の期間に科学委員会で調査されたすべてのモデルランで，親魚資源は明瞭な増加の兆候を示している（傍線部）」とし，資源は明らかに増加していると報告した。だが，報告書全体は入力データやモデルの仮定に不確実性が多いと言い訳が多く，あたかもこの増加を科学者自身が信じていないような印象を受ける。これらの不確実性を考慮した結果の解釈について報告書はまた以下のようにも述べている。

All the runs investigated by the Committee also showed a clear increase of the SSB, but both the speed and magnitude of this upward trend remain highly uncertain, as these strongly depend on model specifications.

この部分を直訳すると「科学委員会が調べたすべてのモデルランもまた親魚資源の明らかな増加を示していたが，この増加傾向の速度や強さにはモデルの条件に応じた大きな不確実性がある」となり，前述したように科学者は結果に自信がなく言い訳をしているような印象を受ける。たしかに図10を見ると2005年以降の資源の増加が急激過ぎて，クロマグロのような大型の魚類の増加にしては少々疑問を持たざるを得ない。だが，これは2009年時点でも図9に示した年齢別漁獲尾数を見れば容易に予想できたことでもあった。そんな状況だが，資源が増加していることはしぶしぶ認めているようである。この科学者のあいまいな表現が，クロマグロ掲載騒動を引き起こした一因であることは否定できない。CITES年次会合前の科学委員会でもICCATの科学者どうしは資源評価の結果とCITESクライテリアの適用基準をめぐり内部で激しく対立し，特に米国の科学者は保護主義的な傾向が強かった。このICCAT内部での対立も掲載騒ぎを起こす隙を与えていたといえるだろう。

この国際漁業管理委員会内部での対立は科学者個人の問題というよりは，

加盟国の政治方針の影響を大きく受けており，CITES 掲載問題が起きた時は，米国政府はクロマグロ掲載の動きに同調し，科学者もそうしたポジションを採っていたようだ。もともと米国は国内の水産業界の政治力が弱く，強力な環境保護団体をいくつも抱えているので，国内世論は保護寄りである。個人的な見解であるが，掲載提案前は解析結果を悲観的になるように解釈し，近年の増加もなかなか認めたがらず，あれこれと言い訳を書き連ねているように見える。ただし，図を見ると資源が増加に転じたのは一目瞭然であるので，さすがにそこは否定できなかったようである。

　さて最初の論点である資源管理は地域漁業機関に任せるかどうかについては，資源の管理機能は漁業管理機関にあるが，それが機能していないのであれば，他の機関に委ねるのもいたしかたないだろう。しかし，大西洋クロマグロ資源はその後回復した。一度は大西洋クロマグロ資源の管理に失敗した ICCAT であるが（資源が減少したのを管理失敗とするかは議論が分かれるが），新たな漁獲規制の導入により資源を回復させることに成功したと言えるだろう。結果から見れば，漁業管理機関以外の助けはいらなかったように見える。これは 2009 年の大幅な漁獲量の削減効果が大きいとおもわれるが，CITES 掲載問題という危機意識が ICCAT 加盟国になかったならば，ここまで思い切った管理方策を採択することはなかったかもしれない。そういう意味では CITES 掲載問題は漁業管理機関を正常に機能させるきっかけとなったことは否めない。この問題が契機となって，漁業管理機関が今後も正常にその機能を果たせることを望む次第である。

　2 つめの CITES の絶滅危惧の基準は水産種に当てはまるのかという点は，CITES クライテリアによれば絶滅の危惧があるとされた種が，図 10 に示した 2005 年以降のような増加を示すとは考えにくい。このクロマグロの資源の回復を見ると，やはり CITES クライテリアの特に減少傾向の水産種への適応は疑問に思わざるを得ない。水産種の絶滅危惧のクライテリアをどう考えるかは今後詰めていかなければならない問題であるだろう。

引用・参考文献

赤嶺淳・石井信夫・岩崎望・魚住雄二・遠藤久・金子与止男・髙橋そよ．2010．ワシントン条約と水産資源 座談会．海洋と生物 **32**(4): 331-350.

FAO. 2010. Report of the Third FAO Expert Advisory Panel for the Assessment of Proposals to Amend Appendices I and II of CITES Concerning Commercially-Exploited Aquatic Species. ftp://ftp.fao.org/FI/DOCUMENT/R925/r925.pdf

ICCAT. 2008. Report of the 2008 Atlantic bluefin tuna stock assessment session. http://www.iccat.int/Documents/Meetings/Docs/2008_BFT_STOCK_ASSESS_REP.pdf

ICCAT. 2009. Extension of the 2009 SCRS Meeting to Consider the Status of Atlantic Bluefin Tuna Populations with Respect to CITES Biological Listing Criteria. http://www.iccat.int/Documents/Meetings/Docs/PA2-604 ENG.pdf

ICCAT. 2013. Report of the standing committee on research and statistics (SCRS)

IUCN. 2001. IUCN Red List Categories and Criteria ver3.1. http://www.iucnredlist.org/technical-documents/categories-and-criteria/2001-categories-criteria

IUCN. 2008. Guidelines for using the IUCN Red List Categories and Criteria ver7.0. http://intranet.iucn.org/webfiles/doc/SSC/RedList/RedListGuidelines.pdf

自然資源保全協会（GGT）．2006．ワシントン条約附属書基準と水産資源の持続可能な利用（増補改訂版）．社団法人 自然資源保全協会（非売品）．

水産庁．2009．大西洋まぐろ類保存国際委員会（ICCAT）第21回通常会合（年次会合の結果について．http://www.jfa.maff.go.jp/j/press/kokusai/091116.html

魚住雄二．2003．マグロは絶滅危惧種か（ベルソーブック No15）．成山堂書店，東京．178pp.

魚住雄二．2010．CITES クロマグロ騒動再び．海洋と生物 **32**(4): 309-316.

なかの ひでき　国立研究開発法人 水産総合研究センター 国際水産資源研究所

第3章
陸生動物の保全とワシントン条約

石井 信夫

1. 野生生物保全と商取引との関係

　野生動植物はさまざまな目的で利用されるが，なかには過剰利用のために存続が脅かされる種もある。「絶滅のおそれのある野生動植物の種の国際取引に関する条約」（通称ワシントン条約）は，希少な野生生物の国際取引を規制することによってその絶滅を防ごうという目的で，1973年に採択され，10か国の署名を得て1975年に発効した。

　ワシントン条約は，条文のほかに規制対象となる野生生物種のリスト（附属書I，II，III）から構成されている。附属書Iには，取引による影響を受けているかその可能性があり，絶滅のおそれの高い種が掲載され，商業目的の国際取引は原則として禁止される。附属書IIには，国際取引を規制しないと絶滅のおそれが生じる種，さらにその種自体に絶滅のおそれはないが条約の効果的運用上必要な種（絶滅危惧種の類似種など）が掲載され，商業目的の国際取引は許可制となる。附属書IIIには，ある締約国が自国内で保護対象としていて，その種を輸出する他国に原産地証明書発給などの協力を求める種が掲載される。附属書I，IIの改定には締約国会議での承認が必要であるが，附属書IIIには締約国が独自に対象種を掲載できる（詳細については第1章を参照）。

　本章では，野生生物の保全と国際商取引との関係について，他の章ではあまり触れられていない陸生動物に関する事例を取り上げ，野生生物の商業利用がもたらす保全上の積極的意義，商業利用を否定することが保全に逆効果をもたらす可能性について解説する。なかでも，アフリカゾウのワシントン条約上の取り扱いについて，一般に考えられていることとは異なった観点から紹介する。なお本稿は，石井（2011）の文章をベースにしていることをお断りしておく。

ワシントン条約による取引規制の保全上の目標に関しては，第4条3に，次のように述べられている（訳文は外務省による）。

> 締約国の科学当局は，附属書Ⅱに掲げる種の標本に係る輸出許可書の自国による発給及びこれらの標本の実際の輸出について監視する。科学当局は，附属書Ⅱに掲げるいずれかの種につき，その属する生態系における役割を果たすことのできる個体数の水準を及び附属書Ⅰに掲げることとなるような当該いずれかの種の個体数の水準よりも十分に高い個体数の水準を当該いずれかの種の分布地域全体にわたって維持するためにその標本の輸出を制限する必要があると決定する場合には，適当な管理当局に対し，その標本に係る輸出許可書の発給を制限するためにとるべき適当な処置を助言する。

この条文は，利用レベルが単に持続可能（絶滅のおそれがなく，附属書Ⅰに掲載されないような個体数を維持しうる）というだけでなく，当該種の生態系での役割にも着目していることを示している。ただし，ワシントン条約は対象種の捕獲・採取を直接規制するわけではなく，生息地での保全は原産国に委ねられている。

野生生物の商取引は基本的に種の存続に悪影響を及ぼす行為であり，できるだけ抑制・禁止することが望ましい，したがって，附属書ⅡよりもⅠに掲載したほうが保全上の効果は高い，というのが条約制定当時の一般的な認識であり，現在でもそのような考え方が広く存在する。

しかし，条約の運用過程で，附属書Ⅰ掲載による取引の単なる禁止は保全にマイナスに作用する場合もあることがわかってきている。それは，陸生動物に特徴的なこととして，その生息地と人間の生活場所とが重なっていることに起因する。多くの野生生物種の絶滅のおそれを高めている要因は，第一に生息地の改変・消失であり，次いで過剰利用（および外来生物）である（Vie et al. 2009）。国際取引の対象となる野生生物が多く生息する一方で経済的余裕のない途上国では特に，野生生物が合法的な経済価値を失えば，住民は，生息地をより経済性の高い他の土地利用（農耕地・放牧地など）に転換したり，ゾウやワニのように有害性を持つものであれば駆逐したりということが起こりがちになる。保全を担当する政府機関にとっても，費用がかかるだけの活動を維持することは難しい。さらに，需要は簡単になくならないので，

合法的取引の禁止は，かえって密猟や密輸といった違法行為を招く。その結果，対象種と生息地の減少は継続する。実際，附属書Ⅰに掲載されているサイ類やトラでは，当初から続く取引禁止にもかかわらず，激しい密猟・違法取引が起きており，生息状況の改善はみられない（'t Sas-Rolfes 2000）。

一方，附属書Ⅰであっても限定的な商取引を認め，あるいは附属書Ⅱに掲載して，十分な管理のもとで商取引を行い，その経済的利益を保全活動や地域開発に還元すれば，地域社会や政府担当部局の経済的自立を助け，密猟の防止や保全への地域住民の支持・協力も得られやすくなり，違法行為の減少や野生生物とその生息地を維持・拡大することにつながることがある。このようなやり方が効を奏した実例として良く知られているのはナイルワニ（Kievit 2000），ビクーニャ（Lichtenstein et al. 2008）などである。両種ともに，当初は絶滅危惧状態であるとして附属書Ⅰに掲載されていたが，限定的条件のもとで野生個体群から得られる産物（ナイルワニの場合は野外採取した卵や幼体を育てた個体からの皮革，ビクーニャでは生捕個体から刈り取った毛）の商取引を認め，収益が地域社会に還元された結果，多くの国や地域で個体数と生息地が回復・拡大し，附属書Ⅱに移行されている。

以上のような考え方は，第8回締約国会議（1992年）で配布されたIUCN（国際自然保護連合）の声明文の中で述べられており（金子 2014），この会議で採択された決議8.3（第13回締約国会議（2004年）で改訂）「野生生物取引の利益の認識」として次のように明文化されている。

> 条約締約国会議は，当該種の存続に有害でないレベルで行われるならば，商業取引は，種と生態系の保全，及び地域住民の発展のいずれか，もしくは両方にとって有益となるであろうことを（略）認識する。

もちろん，商取引がもたらす経済的利益だけで保全に要する費用が賄えるということではない。観光資源が豊富でインフラも整っているなど，条件に恵まれた地域では，エコツーリズム（ここでは，実施しない場合よりも保全にプラスに働くような観光利用の意）などの非消費的利用も有効であろう。しかし，両者は併用が可能であり，保全方法の選択肢は多様であることが，地域特性や経済環境の変動に応じた保全を行ううえで重要である。

そもそも，それまで条約の規制対象外だった種が附属書に載るということは，原産国だけの努力では守りきれず，他国の協力が必要になったことを意

味する。また，附属書ⅡからⅠへの移行（アップリスト）は，附属書Ⅱによる取引規制がうまくいかなかったということである。Ⅰに掲載されればその種は国際取引が禁止され，合法的取引がもたらす経済的利益を原産国が得ることはできなくなる。これらはいずれも保全の失敗を意味する。これに対して，附属書Ⅰに載っていたものがⅡに移行（ダウンリスト）するということは，取引可能な状態への回復を意味する。さらに附属書Ⅱからも外れるということは，原産国だけでその種の保全ができるということである。これらはいずれも保全の成功ということができる。

　以上のような考え方に基づき，ワシントン条約の役割は，国際取引をできるだけ制限し，過剰利用による野生生物の絶滅を防ぐことから，国際取引の制御を通じて野生生物の持続可能な利用を図り，得られる経済的利益を保全に役立てることに変わることが期待される。しかし，商取引が保全に役立つような仕組みができているのはまだ一部の種に限られている。また，条約制定当初の認識に沿って，あるいは保全上の効果にかかわらず，野生生物の商取引はできるだけ認めるべきでないと考える国や団体もあることから，附属書ⅠからⅡへの移行，Ⅱからの削除は難しいのが実状である。

2. 附属書改正をめぐる議論

　締約国会議は2，3年に一度，締約国の代表が一堂に会して，条約履行上のさまざまな問題について議論し，附属書改定，決議（Resolution），決定（Decision）などに関する提案の採否を決める場である（関連する国連機関，国際・国内NGOなどもオブザーバーとして議論に参加する）。提案の採択に当たっては全会一致（コンセンサス）が追求されるが，意見の対立が解消しない場合は投票にかけられ，賛否合計の3分の2以上を獲得することが採択の条件である。なお，提案や決定事項，審議記録などの関連文書はワシントン条約のホームページ（http://www.cites.org/）で閲覧できる。

　近年では，決議8.3に述べられたような認識に沿った提案は採択されることも多い。たとえば，第15回締約国会議（2010年）でのビクーニャのエクアドル個体群，モレレットワニ（グアテマラ個体群を除く），第16回締約国（2013年）でのナイルワニのエジプト個体群などに関する，いずれも附属書ⅠからⅡへのダウンリスト提案がコンセンサス採択されている。

　しかし，合意が得られずに投票に持ち込まれる提案もある。以下では，条

約の有効性を考えるうえで参考になる事例としてボブキャットとホッキョクグマに関する提案をめぐる論議について紹介し，アフリカゾウについては項を改めて述べる。

　北アメリカに生息するボブキャット（オオヤマネコの1種）は，年間数万点が毛皮などの形で国際取引されているが，原産国（米国，カナダ）の適切な管理により生息数も多く安定している。しかし，ヨーロッパオオヤマネコ（西ヨーロッパでは希少種）や絶滅危惧種スペインオオヤマネコなど他のオオヤマネコ類がボブキャットと偽って取引されることを防ぐために，類似種として附属書Ⅱに掲載されている。実際には違法な取引事例はほとんどなく，その可能性も低いことから，附属書Ⅱから削除しても大きな問題は生じないとして，第14回締約国会議（2007年）において，米国は附属書Ⅱからの本種の削除を提案した。この提案は，保全上の意義が乏しい煩雑な事務手続きを簡略化したいという，現場で管理を担当する州政府レベルの要請に基づいて出されたもので，日本を含む過半数の国が支持したが，種の識別法が確立されていないという理由でEU（欧州連合）などが反対し，提案は否決された。第15回締約国会議でも再度提案されたが，同様に否決されている。この結果は，保全状況にかかわらず野生動物の毛皮利用に反対する意見の影響を受けたものと推測される。

　ホッキョクグマについては，第15回締約国会議で附属書ⅡからⅠへの移行提案が米国から出されたが，反対票が過半数を占めて否決された。第16回締約国会議でも再提案されたが，原案は反対が過半数で否決，附属書Ⅱのままで注釈を付すというEU修正提案も賛成が過半数を占めたものの3分の2に達せず否決された。事務局，IUCNホッキョクグマ専門家グループ，TRAFFIC（WWF（世界自然保護基金）とIUCNの事業として野生生物の取引を監視・調査する国際NGO）はいずれも附属書Ⅰ移行提案に反対した。ホッキョクグマは，将来大きく減少するという予測があり，IUCNレッドリストで2006年にVU（危急種）と評価されている（SchliebeほIか2008）。しかし，現時点で大きく減少しているというデータはなく，また，減少理由とされているのは温暖化に伴う生息環境の悪化であって，国際取引の禁止は保全上の実質的効果が期待できない。しかも，全体（2万〜3万頭）の約3分の2が生息するカナダでは，厳密な管理の下に伝統的狩猟を行っている地元の人々が，一部を副産物として国際取引し現金収入を得ている。附属書Ⅰ掲

表1 ワシントン条約におけるアフリカゾウの取り扱いの変遷

年	会議*	内　容
1976年	CoP1	（第1回締約国会議）アフリカゾウを附属書Ⅱに掲載。
1985年	CoP5	「輸出枠制度」を導入。日本は貿易管理令を改正。
1989年	CoP7	アフリカゾウを附属書Ⅰに掲載。
1992年	CoP8	ボツワナ・マラウィ・ナミビア・南アフリカ・ジンバブエ個体群の附属書Ⅱ移行提案の撤回。
1994年	CoP9	南アフリカ・スーダン個体群の附属書Ⅱ移行提案の撤回。
1997年	CoP10	ボツワナ・ナミビア・ジンバブエ個体群の附属書Ⅱ移行。継続監視プログラム（MIKE**，ETIS***）の導入。3か国の政府在庫象牙50tの取引承認（日本向け）。
1999年		象牙取引の実施と収益（約500万米ドル）の還元（輸出国のゾウの保全およびゾウと共存する地域社会の開発）。
2000年	CoP11	南アフリカ個体群の附属書Ⅱ移行（象牙以外の取引のみ承認）。
2002年	CoP12	ボツワナ，ナミビア，南アフリカの政府在庫象牙60トンの取引承認。ジンバブエの象牙取引提案，ザンビア個体群の附属書Ⅱ移行提案の否決。
2004年	CoP13	「アフリカゾウ象牙の取引管理行動計画」の決定
2007年	SC55	（第55回常設委員会）日本向けの輸出承認。
	CoP14	ボツワナ，ナミビア，南アフリカ，ジンバブエの政府在庫象牙追加分の取引承認（取引実施以降9年のモラトリアム付）。
2008年	SC56	中国も輸入国として承認。
2009年		象牙取引の実施と収益（約1500万米ドル）の還元。
2010年	CoP15	タンザニア・ザンビア個体群附属書Ⅱ移行提案の否決
2013年	CoP16	タンザニア個体群附属書Ⅱ移行提案の事前撤回

*CoP（締約国会議）: Conference of the Parties, SC（常設委員会）: Standing Committee
**MIKE（密猟監視）: Monitoring of the Illegal Killing of Elephants
***ETIS（違法取引監視）: Elephant Trade Information System

載はそうした経済的自活の道を絶ってしまう。提案の背景には，ホッキョクグマの保護に関心があるという姿勢を一般にアピールしようという狙いがあったと思われるが，実効性がなく，しかも当事者に損害が及ぶような提案をすることは条約の趣旨を逸脱しているといえる。

3. アフリカゾウとワシントン条約

ワシントン条約におけるアフリカゾウの取り扱い

アフリカゾウ象牙の国際取引管理は条約制定当初から最も重要な課題の1つであった。まず，条約によるアフリカゾウの取り扱いの歴史を簡単に振り

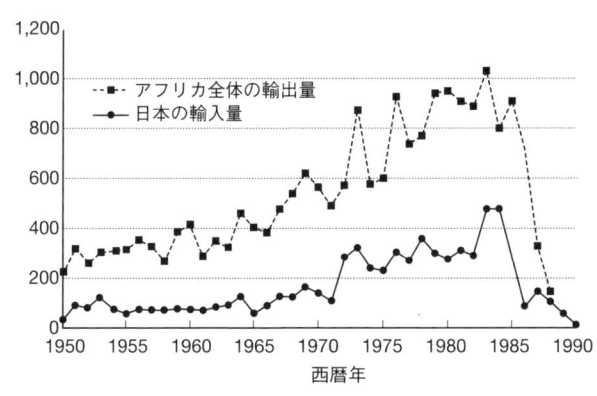

図1 未加工象牙取引量の推移（データはBarbier *et al* (1990) による）輸出枠制度の導入と日本の貿易管理令改正が行われた1985年頃から取引量が激減していることがわかる

返ってみる（表1）。アフリカゾウは，第1回締約国会議（1976年）で附属書IIに掲載されたものの，国際取引はほぼ無制限に行われ（実質的な条約第4条違反），密猟・密輸も横行していたことから，第5回締約国会議（1985年）で輸出枠制度が導入された。この制度は，原産国が年間の輸出枠を毎年，前年の12月までに事務局に通告する，また，1986年12月1日までに事務局に通告した在庫象牙は国際取引できる，というもので，輸出枠は原産国の自己申告制であること，在庫象牙に関しては当面その出所を問われないなど不備が多いものであった。しかし，アフリカからの未加工象牙輸出量はこの制度の導入後に激減した（図1）。これは不十分なしくみであっても取引管理に大きな効果をもたらしうることを示している。

また，1980年代に世界最大の未加工象牙輸入国であった日本では，1985年に貿易管理令の改正が行われた。それまでは，条約が定めた正式な許可証がなくても原産地証明書などが添付されていれば輸入が認められるという抜け穴があり，違法な起原の象牙が合法的に輸入される可能性があった。たとえば，1984年に輸入された未加工象牙の少なくとも3分の2は違法象牙だった疑いがあるとされている（ミリケン1989）。しかし，この改正によって日本の未加工象牙輸入量も激減した（図1）。なお，日本が1979年から1988年の間に輸入した象牙の量は合計約2700トンに上り，個体数に換算すると約12万頭という推定があり（ミリケン1989），日本はアフリカゾウの減少に大きくかかわっていたといえる。

いずれにしても，1985年を境に象牙の国際取引はワシントン条約の管理下に置かれ始めたのであるが，1980年代に個体数が120万頭から60万頭

に半減したという調査結果（ミリケン 1989 に引用）が公表されたことから，象牙取引を全面禁止すべきという論調が欧米諸国を中心に高まり，第 7 回締約国会議（1989 年）で種全体が附属書 II から I に移行された。このとき南アフリカ，ボツワナ，ジンバブエなどの南部アフリカ諸国は，種全体の移行に強く反対した。それは，これらの国々ではゾウは増加傾向にあり絶滅のおそれはなく，また，取引から得られる収益は野生生物保全の費用に充てられていたからである。そのため，この決定にあたっては，南部アフリカのいくつかの国の個体群は附属書 I 掲載の条件を満たしていないという認識が示され，それらの国の個体群は後日ダウンリストされることとされた。

　しかし，第 8 回，第 9 回締約国会議（1992，1994 年）では，南部アフリカ諸国による自国個体群のダウンリスト提案は，専門家パネル，条約事務局，IUCN，TRAFFIC などが（象牙取引は輸入国側の管理体制が未整備なためすぐには再開すべきでないとの条件付きで）支持していたにもかかわらず，多くの反対に会い撤回を余儀なくされた。そして，ようやく第 10 回締約国会議（1997 年）になって，ジンバブエ，ボツワナ，ナミビア 3 か国の個体群について，政府が所有する在庫象牙を 1 回限りの売却（one-off sale）として，「種の保存法」に基づく国内象牙取引管理体制が整っている日本のみに輸出し，収益はゾウの保全と地域開発だけに用いるという条件付きで，ダウンリスト提案が承認された。このときに，象牙取引の影響をモニタリングする仕組みとして，ETIS（違法取引監視）と MIKE（密猟監視）というプログラムが導入された。実際に取引が行われたのは 1999 年で，第 11 回締約国会議（2000 年）に提出された事務局報告（Doc. 11.31.1）に，収益（約 500 万米ドル）が原産国でどのように使われたかが記述されている。この試みは，先進国による援助ではなく，原産国と消費国との対等な商取引が野生生物保全に役立つことを示した画期的な出来事であったといえる。

　第 11 回締約国会議では，南アフリカ個体群のダウンリストと象牙以外の取引は認められたものの，新たな象牙取引は承認されなかった。そして，第 12 回締約国会議（2002 年）においてボツワナ，ナミビア，南アフリカの，第 14 回締約国会議（2007 年）ではこれら 3 か国の追加分とジンバブエも含めた在庫象牙取引が承認された。この取引も前回同様 1 回限り，輸出先は管理体制が整備されている日本と中国のみ，取引の実施後 9 年間は新たな取引は行わない，収益はゾウの保全と地域開発のみに用いるという条件が付さ

れている。実際の取引は2009年に行われ，約1500万米ドルの収益が得られている（使途については条約常設委員会（Standing Committee）文書SC58 Doc. 36.3 (Rev. 1) を参照）。

続く第15回締約国会議（2010年）にはアフリカゾウに関する3つの提案が出されていた。タンザニアとザンビアによる自国個体群のダウンリスト提案については，専門家パネルが設置され，いずれの提案も採択されれば当該国のアフリカゾウ保全に有益であるとの結論が示されていた。

タンザニアによる提案は，自国個体群が10万頭を超えており，絶滅のおそれはないのでダウンリストし，そのうえで四つの異なる形態（①ハンティング・トロフィー，②登録在庫象牙（主に自然死亡個体，農作物等に加害し駆除された個体に由来するもの。没収された違法象牙は含まれない），③未加工皮革，④生きた個体）で取引し，収益はゾウの保全と地域開発のみに用いるという条件が付された提案である。議場においてタンザニアは，②の在庫象牙とそれ以外の取引を分けるという提案変更を行ったが，象牙以外の取引については賛成が多かったものの3分の2は取れずに否決，在庫象牙については賛否ほぼ同数で否決された。

ザンビア提案も，自国のゾウ個体数（2～3万頭）が安定し，いくつかの地域では増加しているのでダウンリストし，タンザニアと同様の取引を認めてほしいという内容であった。議場において登録在庫象牙の取引は削除するという提案変更が行われたが，賛成は過半数を超えたものの否決された。

アフリカゾウに関する3つ目の提案はケニアほか7か国によるものである。これは現在，附属書Ⅱに掲載されている4か国（ナミビア，ジンバブエ，ボツワナ，南アフリカ）の個体群についての注釈を変更し，実質的に一切の象牙取引を禁止しようという提案であったが，反対票が賛成票の2倍と多く否決された。このように，象牙取引を一切禁止しようという提案は，締約国の支持が得られなくなっている。しかしその一方で，タンザニア・ザンビア個体群をダウンリストして取引を認めることはゾウの保全に有益であるという専門家の結論に沿った決定も行われなかった。アフリカゾウの分布域約334万km^{2}のうち国立公園などの保護区に含まれているのは約3割，その他の7割は人との共存域であり，ゾウと人との深刻な軋轢が生じているところも多い（Blanc *et al.* 2007）。タンザニアとザンビアによる提案には，ゾウの商取引によって得られた収益を被害対策やゾウの保全などに充てようとい

う意図があったのだが，それは否定されたのである。

第16回締約国会議（2013年）では，タンザニアによる自国個体群のダウンリスト提案が用意されていたが，事前に撤回されている。

象牙の合法取引が違法行為に及ぼす影響

MIKE はアフリカとアジアの主要なゾウ生息地において密猟の発生状況を調べるプログラムである。第16回締約国会議に提出された報告（CoP16 Doc. 53.1）および CITES Secretariat ほか（2013）によれば，密猟は2006年から増加傾向を示し，2011年の密猟レベルはモニタリングが始まった2002年以降の最高を記録し，2012年に入っても改善の傾向はみられていない。密猟レベルは2010年以降に自然増加率を上回っていて，この状態が続くと個体数が減少すると考えられる。密猟は特に中央アフリカ諸国で顕著で，密猟レベルは地域住民の生活レベル，国の統治状況との負の相関，世界的な違法取引量との正の相関が高い。なお，2008年に行われた合法取引とその後の取引停止と密猟レベルとの関連は認められない。

ETIS は1989年以降に世界中で摘発された象牙の違法取引に関する情報を収集分析するプログラムである。最新報告（CoP16 Doc. 53.2.2 (Rev. 1)）によると，違法取引は2007年以降の増加傾向が顕著で，2011年には1998年の約3倍になっている。また，摘発される象牙のサイズや量が大きくなっていて，組織的犯罪ネットワークのかかわりが示唆されている。違法取引にはアジア6か国（タイ，マレーシア，フィリピン，ベトナム，香港，中国），アフリカ3か国（南アフリカ，ケニア，タンザニア）が特に深くかかわっている。このような状況は，第13回締約国（2004年）で採択された「アフリカゾウ象牙の取引管理行動計画」の効果が上がっておらず，それは特にアジアとアフリカの多くの国において無規制の国内象牙市場が存在していることによる。1989年以降に2回承認された合法取引が違法取引にもたらす影響についてみると，1999年の（日本向け）1回目の合法取引の際は違法取引の増加はみられなかったが，2008年の2回目（日本・中国向け）以降は増加している。ただし因果関係は不明である。また，日本がかかわる違法取引はほぼ消失したのに対し，中国がかかわる違法取引は，2回目の合法取引が行われた2008年以前から増加傾向にあり，合法取引の影響について一貫した傾向は認められない。

以上のように，象牙の合法的国際取引の全面禁止は，違法取引（密猟，密輸）の制御に効果を上げていない。現在進行している違法行為を制御するためには，合法的な象牙取引を否定するという安易で逆効果の可能性もある対応でなく，はるかに困難ではあるが根本にある問題（世界各地に存在する無規制の象牙市場，違法行為を惹起する社会経済状況）に直接取り組むことであろう。なお現在，密猟象牙が日本市場に大量に流入しているという証拠は知られていない。日本国内における象牙の取引管理が適正に機能している理由を明らかにすることは，今後の国際的な象牙取引のあり方を考えるうえで参考になると思われる。

予防原則の誤用

　ワシントン条約によるアフリカゾウの取り扱いに関しては，「象牙の合法取引が違法行為（密猟，密輸）を助長する」という仮説が，論議に大きな影響を及ぼしている。ETIS や MIKE の報告で両者の間に関連は認められていないという結果が示されても，「予防原則」を適用すべきとして象牙取引に反対する意見は強く，第15回締約国会議でもタンザニアとザンビアのダウンリスト提案が否決された。その結果，ゾウと一緒に暮らす人々の負担，ゾウの保全に責任を持つ国々の負担は継続することになる。取引から得られる収入はコストの一部を賄うものでしかないが，こうした国々にとっては貴重な収入源となりうる。特に象牙以外の取引提案は，象牙の合法取引が違法行為を助長するということを仮に認めたとしても，当然通っていいはずの提案である。このような提案が採択されなかったことは，原産国（途上国が多い）による自主的な資源管理を他の締約国がサポートするための条約がその機能を果たしていないことを示している。

　一方で，違法行為の原因は合法取引であるとして，これに反対することで，十分な野生生物保全や市場管理ができていないにもかかわらずゾウの保護に関心があるという印象を与えようとする国もある。しかし，現実に起きている問題の解決に結び付かないこうした姿勢は非常に悪影響が大きい。本当の問題は，上述のように，アジア・アフリカにある無規制の市場が大量の違法象牙を消費していることであり，「合法取引の禁止は違法行為をかえって助長している」可能性がある。因果関係については今後の分析が必要であるが，1989年以降に象牙の合法取引を行った南部アフリカ諸国では密猟レベルが

低く，取引に反対しているか認められていない中央・東アフリカ諸国で密猟レベルが高いこと（CITES Secretariat *et al.* 2013）も指摘しておきたい。

ゾウは非常に深刻な農作物食害や人身被害を起こすため，ゾウの生息地に暮らしている人たちにとっては，身の回りからいなくなってほしい有害動物であり，ゾウを守ることの意義が感じられなければ密猟はむしろ歓迎される。また，経済的余裕のない中では，わずかな収入を得るために違法行為に加担することも起こりやすくなる。予防原則を持ち出して合法的取引を認めることのリスクだけを強調することは，合法的取引を認めないことによるリスクを無視した予防原則の誤用といえるのではないだろうか。

サイ類についても同様の事態が進行している。南アフリカでは近年，サイ角を狙った密猟が激化し，2013年だけで1,000頭以上が殺されている（無記名 2014）。現生5種すべてのサイ類は，第9回締約国会議（1994年）で附属書Ⅱに移行した南アフリカのシロサイ個体群を除き，すべてが附属書Ⅰに掲載されている（南アフリカのシロサイ個体群についても生きた個体の取引とハンティング・トロフィーの輸出のみが認められている）。サイ角については1977年から40年近く国際取引が禁止され，需要を抑制するためのキャンペーンも行われてきたが，効果はあがっていない。Briggsほか（2013）は，サイ角の取引禁止はサイを保全することに失敗しており，サイ角の合法取引を認めることがサイ類を絶滅から救うおそらく唯一の方法であり，真剣に検討すべきであるとしている。同様の提案は，かつて第8回締約国会議の際にジンバブエから出されており，もし採択されていたら現在のような事態は起きていなかったかもしれない。アフリカゾウについても，象牙の合法的取引を阻んできたことが現在の状況をもたらしている可能性について検討することが必要である。

4. 野生生物の保全と地域社会

野生生物が持つ経済的価値を利用して保全を図るという考えに対しては否定的な意見もある（たとえばオーツ 2006，坂元 2010）。しかし，保全には莫大な経済的・人的コストがかかる。経済的価値を活用して保全に要するコストの一部をカバーすることにより，商取引を否定するよりも良い結果が得られる可能性もある。こうしたやり方がつねにうまくいくとは限らないが，成功例があることは上述の通りである。オーツ（2006）は，自然資源の経済的

価値と自然固有の価値を対立的に捉え，後者だけを重視して，貴重な自然を守るために途上国の地域社会に犠牲を要求するという旧来の考え方を主張するだけで，他の有効な対策を示せていない。

　野生生物の保全を実効性あるものとするには，野生生物と共存する地域社会にとっての保全対象の価値（経済的なものに限らない）を重視し，地域の人々を保全の担い手としてゆくことが，近年特に強調されるようになっている（Western and Wright 1994）。ワシントン条約の前文にも「締約国は，（略）国民及び国家がそれぞれの国における野生動植物の最良の保護者であり，また，最良の保護者でなければならないことを認識し，（略）次のとおり協定した」と述べられている。また，第16回締約国会議（2013年）では決議16.6「CITESと生計」が採択され，附属書掲載に関する決定を運用するに当たって，人々の暮らしに及ぼす影響を考慮するよう締約国に奨励している。

　地域住民に経済的利益をもたらす事業が必ずしもうまくいくわけではなく，有効な仕組みを確立するには課題も多い（石井 2002）。たとえば地域社会の中で，野生生物を守ることに伴う負担を被る人々に利益が的確に行きわたらなければ，あるいは住民が受動的に管理にかかわっているにすぎず，保全の意義を理解していなければ事業はうまくいかない（Bell 1987）。また，現在および将来の経済的利益を最大にするという観点からは，持続可能な利用は最適でない場合が多い。経済的利益のみを保全の動機付けにすると，持続不可能な利用に変化しやすく，また，不正が生じる可能性もある。重要なのは，住民が保全の意義を理解していることに加え，資源管理においてどれだけ責任や権利を有するかであると考えられる。

　ワシントン条約や国内法による規制の内容は，その影響を受ける人々にとって十分に合理的でなければならない。さもなければ様々な規制は尊重されずに無視され，かえって違法行為を招くことになるであろう。たとえばアフリカゾウと共存する住民は，ザンビア提案が否決されたように，自分たちの努力が認められないのであれば，積極的に保全への支持・協力をしようとはせず，違法行為の防止に関心をもたなかったり，違法行為に加担したりする可能性もある。現在，広範な地域で起きているアフリカゾウの密猟や違法取引は，保全に対する住民の支持・協力がないことが背景にあり，その状況を改善しなければ実効性のある違法行為の制御は難しいのでないだろうか。

　野生生物を保全するには商取引を認めたほうが良いという考え方は一見わ

かりにくい。しかし，野生生物の保全政策は，表面的な印象ではなく，明確に定められた目標に照らしてどれだけ有効か，たとえば違法行為の制御，対象種とその生息地・生態系の維持・回復がどれだけ達成されているかで評価されるべきである。密猟や密輸などの存在が合法取引に反対する理由にされることもあるが，違法行為を完全に排除できるような（かつ実行可能な）管理システムというものはありえない。制度上の欠陥や違法行為の存在を指摘することは常に可能である。しかし重要なのは，違法行為の真の原因や影響を分析し，合法取引がもたらす保全上の利益を確保しつつ，違法行為による損失を許容レベル以下に抑制できるような仕組みをつくることである。合法取引が有効に働くという実例があり，取引の単なる禁止が保全に役立たないという実態があっても，消費的利用を忌避して認めないという考え方も根強い。しかしこれは，さまざまな可能性を試み，その結果を吟味して保全対象やそれを取り巻く社会経済についての理解を深め，対策を改善し，より効果的な保全を行うという順応的管理の考え方の欠如，多様な試みの否定，特定の価値観の押しつけであると考えられる。

　なお，過去から現在に至るまで，野生生物の商取引が過剰利用を招き，多くの種を絶滅あるいは絶滅危惧状態に追いやってきたことはまぎれもない事実である。そのような状況を改善するためにワシントン条約が締結され，種々の国内法規制が行われているのだということは確認しておきたい。そのうえで，ここでは陸上動物を例に取り上げて，一概に商取引を否定的に捉えることがかえって保全に悪影響を及ぼす可能性があることを紹介した。

引用文献

Barbier, E. B., Burgess, J. C., Swanson, T. & Pearce, D. W. 1990. Elephants, Economics and Ivory, 154 pp. Earthscan, London.
Bell, R. H. V. 1987. Conservation with a human face: conflict and reconciliation in African land use planning. *In*: D. Anderson, D. & Grove, R. (eds.), Conservation in Africa: People, Policies and Practice, pp. 79-101. Cambridge University Press, Cambridge.
Blanc, J. J., Barnes, R. F. W., Craig, C. G., Dublin, H. T., Thouless, C. R., Douglas-Hamilton, I., & Hart, J. A. 2007. African Elephant Status Report 2007: An Update from the African Elephant Database, 276 pp. IUCN, Gland.
Briggs, D., Courchamp, F., Martin, R. & Possingham, H. P. 2013. Legal trade of Africa's

rhino horns. *Science* **339**: 1038-1039.
CITES Secretariat, IUCN/SSC African Elephant Specialist Group & TRAFFIC International 2013. Status of African elephant populations and levels of illegal killing and the illegal trade in ivory: a report to the African Elephant Summit, 19 pp.
石井信夫. 2002. 生物多様性保全と地域住民. 不破敬一郎・森田昌敏 (編著) 地球環境ハンドブック第2版, pp. 650-652. 朝倉書店, 東京.
石井信夫. 2011. ワシントン条約における野生生物利活用の考え方. 哺乳類科学 **51**: 119-126.
金子与止男. 2014. 国際自然保護連合とワシントン条約 − 条約の運用に関する IUCN 声明文の紹介. 森林野生動物研究会誌 **39**: 51-58.
Kievit, H. 2000. Conservation of the Nile crocodile: Has CITES helped or hindered? *In* : Hutton, J. & Dickson, B. (eds.), Endangered Species Threatened Convention: The Past, Present and Future of CITES, pp. 88-97. Earthscan, London.
Lichtenstein, G., Baldi, R., Villalba, L., Hoces, D., Baigún, R. & Laker, J. 2008. *Vicugna vicugna*. The IUCN Red List of Threatened Species. Version 2014.3. <www.iucnredlist.org>. Downloaded on 03 April 2015.
ミリケン, T. 1989. アフリカゾウの減少と象牙の国際取引. トラフィックジャパン・ニュースレター **5**(3・4): 2-24.
無記名 2014. 2013 worst year on record for rhino poaching in South Africa. *TRAFFIC Bulletin* **26**: 3.
オーツ, J. F. 2006. 自然保護の神話と現実 − アフリカ熱帯降雨林からの報告 (浦本昌紀, 訳). 309 pp. 緑風出版, 東京.
坂元雅行 2010. 野生生物の「持続可能な利用」とは. 改訂 生態学からみた野生生物の保護と法律：生物多様性保全のために (日本自然保護協会, 編), 235 pp. 講談社, 東京.
Schliebe, S., Wiig, Ø., Derocher, A. & Lunn, N. (IUCN SSC Polar Bear Specialist Group) 2008. *Ursus maritimus*. The IUCN Red List of Threatened Species. Version 2014.3. <www.iucnredlist.org>. Downloaded on 06 April 2015.
't Sas-Rolfes, M. 2000. Assessing CITES: four case studies. *In*: Hutton, J. and Dickson, B. (eds.), Endangered Species Threatened Convention: The Past, Present and Future of CITES, pp. 69-87. Earthscan, London.
Vie, J. -C., Hilton-Taylor, C. and Stuart, S. N. (eds.) 2009. Wildlife in a Changing World - An Analysis of the 2008 IUCN Red List of Threatened Species. 180 pp. IUCN, Gland.
Western, D. and Wright, R. M. (eds.) 1994. Natural Connections: Perspectives in Community-based Conservation. Island Press, Washington DC, 581 pp.

いしいのぶお　東京女子大学

第4章　保全生態学の考え方

高橋 紀夫

はじめに

　日本ではあまりにも当たり前にスーパーや回転寿司で目にするため，一般の人々はほとんど意識しないが，マグロなどの水産資源もパンダやトラと同じく野生動物であり，絶滅危惧種保護や生物多様性保全の対象となる。1996年にミナミマグロやクロマグロがIUCN（国際自然保護連合）のレッドリストに絶滅のおそれのある種として掲載されたことは，その絶滅リスク評価の問題も含めて，水産関係者と保全関係者の双方に非常に大きな衝撃を与えた（矢原ら 1996）。特に水産関係者にとって，水産資源は管理をしつつ利用を続けるものであり，それが絶滅危惧種に指定されるなど想像もしていないことだった。この騒ぎを契機として，水産資源も保全生態学の対象になることが徐々に認識されるようになり，水産関係者も保全生態学の考え方を知らないではすまされなくなった。本章では保全生態学に馴染みのない読者を対象に，その考え方を，特にIUCNレッドリストカテゴリーの判定基準に関連する事柄に焦点を絞って紹介する。なお，水産資源学の考え方は**第5章**や**第6章**で解説されているので，考え方の類似点や相違点を比較してみてほしい。

　本章の構成であるが，まず，保全生態学とはどのような学問かをごく簡単に説明し，続いて野生生物の絶滅要因や絶滅が起こるプロセスについて概観する。次に，保全生態学の代表的な概念や理論を紹介し，絶滅リスク評価に用いられる個体群存続可能性解析（PVA）について解説する。そして，それらを踏まえたうえでIUCNレッドリストカテゴリーの判定基準を説明する。**第1章**で紹介されているCITES（絶滅のおそれのある野生動植物の種の国際取引に関する条約）の附属書掲載基準は，IUCNレッドリストの判定基準に準拠している。

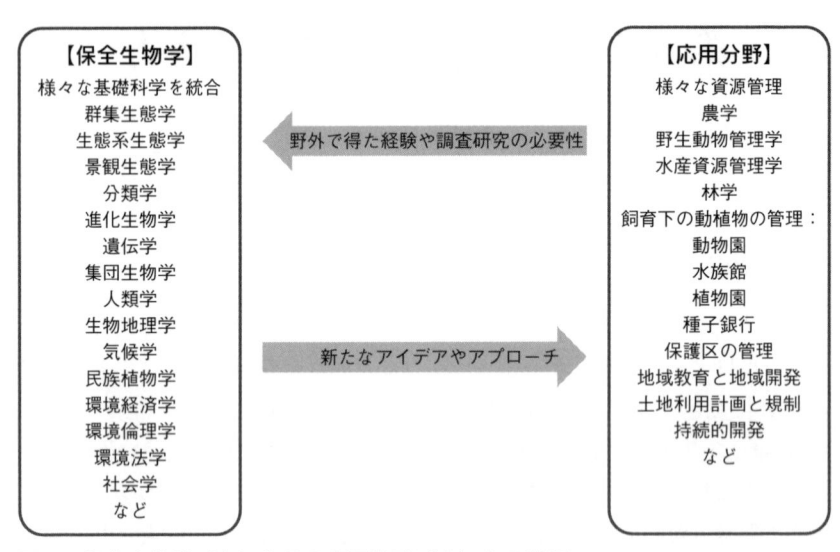

```
【保全生物学】                          【応用分野】
様々な基礎科学を統合                     様々な資源管理
群集生態学                              農学
生態系生態学         ←野外で得た経験や調査研究の必要性    野生動物管理学
景観生態学                              水産資源管理学
分類学                                 林学
進化生物学                              飼育下の動植物の管理：
遺伝学                                    動物園
集団生物学                                水族館
人類学                                    植物園
生物地理学                                種子銀行
気候学            →新たなアイデアやアプローチ→    保護区の管理
民族植物学                              地域教育と地域開発
環境経済学                              土地利用計画と規制
環境倫理学                              持続的開発
環境法学                                など
社会学
など
```

図 1　保全生物学（左）とその応用分野（右）との関係 (Temple 1991を参考に改変)
保全生物学は様々な基礎科学を統合した学際的な学問である。保全生物学から資源管理へは新たな方法やアプローチを提供し，一方，資源管理の現場から得られた経験，調査研究の必要性は保全生物学の方向性に影響する。

1. 保全生物学／保全生態学とは？

　保全生物学（conservation biology）の父と呼ばれるSouléは，この学問を「希少さと多様性の科学」と定義した（Soulé 1986）。この定義に表されているように，保全生物学は生物多様性（biodiversity）の保護を目的とする。水産資源学が歴史的に単一魚種の資源管理を目指してきたこととは対照的である。ここで言う「多様性」とは種の多様性だけではなく，種内の遺伝的多様性，生物群集（種の集まり）や生態系から景観（生態系の集まり）までの多様性を広く指す。このような「多様性」を守る目的を達成するため，保全生物学は，生態学はもとより，進化生物学，集団遺伝学，人類学や社会学など，広範な分野の知見や技術を融合させた非常に学際的な学問となっている（図1）。特に，核となる生態学的な部分を指して保全生態学（conservation ecology）と呼ぶ。

　保全生物学／保全生態学の学際性は様々な基礎科学を統合した学問という範囲に留まらず，林学や野生動物管理学などの多様な応用分野へも広がっている。水産資源学とも相互に関係し合いながら保全生物学／保全生態学は発

展してきているのである。例えば，不確実性がある状況でも頑健な管理を行うための方策としてよく知られている順応的管理（adaptive management；第5章）は水産資源学者の Walters & Hilborn（1976）が提唱したアイデアだが，保全生態学の分野にも取り入れられ，現在では保護管理を実施する際の重要な枠組みとして，保護区の管理や希少生物の保全などへ応用されている（Van Dyke 2010，Primack 2012）。これは水産資源学から保全生物学／保全生態学への流れだが，逆に，近年，特に欧米を中心として，海棲生物の多様性保護を目的に保全生態学的なアプローチによって水産資源を管理しようとする大きな潮流もある。漁業の影響を考慮しながら，資源として利用する魚種だけではなく，関係する他種も含んだ生態系あるいは多種系（生物群集）全体を保護管理するアプローチである（第6章）。また，保全生態学と水産資源学には共通する重要な概念もある。予防原則・予防措置（第5章）は保護管理における不確実性に対応するための考え方として，両分野では不可欠なものになっている。これらの例からも分かるように，最近では保全生態学と水産資源学との関係はますます深いものになってきているといえよう。

　ところで，多くの水産関係者からは，保全生物学／保全生態学は資源としての生物の利用を否定し，完全保護を目指すものと誤解され忌み嫌われることがあるが，野生動物管理学や水産資源学との関係などを見ても分かる通り，その目的は生物資源の利用を否定するものではない。保全生物学／保全生態学には，絶滅危惧種や希少種の保全だけではなく，食料資源，水資源，遺伝資源，エコツーリズムなどの生態系サービス（"自然の恵み"）を提供するものとしての生物多様性の価値を認めて，持続可能な利用を目指す考え方もある（Primack 2012）。

2. 絶滅の要因と絶滅に至るプロセス

　生物を絶滅から救うには，まず，その個体数を減少させている原因を特定することが不可欠である。本節では，絶滅の要因とそのプロセス（どのような過程を経て絶滅するか）について概観しておこう（以下，Burgman *et al.* 1992，鷲谷・矢原 1996，松田 2000，Primack 2012 を参考に整理）。

2.1. 絶滅の要因

　多くの野生生物の絶滅を引き起こす重大な要因の1つは，生存や繁殖に必

要な資源を提供する生育・生息場所（ハビタット，habitat）[*1] の消失である（Baillie et al. 2004）。また，ハビタットは破壊されて消失しないまでも，道路の建設や土地開発によるハビタットの分断化・細分化が生物の繁殖や生存へ影響を及ぼし，個体数を減少させてしまうこともある。世界的な人口増加にともない，人類は食糧などの資源を得るために陸や海洋の開発を続けている。森林伐採や埋め立てなどによる野生生物の絶滅や減少の事例は後を絶たない。この要因の影響の大きさを考えると，ハビタットの保護が野生生物を保全するための重要な方策の1つであることが分かる（第6章も参照）。複数種のハビタットを同時に効率よく保全できるように保護区を選択し，設定する手法は保全生態学の主要なアプローチの1つとなっている（Margules & Sarkar 2007）。

　食糧，漢方薬をはじめとする医薬品の原料，生体医学研究のための実験動物，ペットや観賞用としての動植物の確保などを目的とした捕獲・漁獲も過剰であれば絶滅や個体数減少の大きな一因となる。動植物の国際的な商業取引を背景にこのような乱獲や密猟行為が横行しているのであれば，貿易を規制することによってそれらに歯止めをかけることは有効な手段となる。本書のテーマである CITES はそのための枠組みである。

　ある生物の絶滅がその種と相利関係にある生物を絶滅させてしまうこともある。例えば，イチジク属とその花粉媒介者（ポリネータ）であるイチジクコバチ類の関係は有名であるが，あるイチジク1種に対してあるコバチ1種が関係しているため，どちらかの絶滅は他方の絶滅も引き起こしてしまう。これを絶滅の連鎖という。

　外来生物の影響は看過できない問題である。捕食や資源をめぐる競争は自然にもあるが，過去に生息していなかった捕食者や，繁殖・生存のための資源を同じくする新たな生物が人間によって導入された場合は深刻な個体数減少をもたらすことがある。外来魚であるオオクチバスやブルーギルの人為的導入によって，在来の魚が激減あるいは絶滅し，日本古来の淡水生態系が破壊されている事例は新聞などの報道でご存知であろう。また，外来生物との交雑の問題も深刻化している。特に穀物種では，遺伝子組換え生物と在来種

＊1：野生動植物の生息あるいは生育場所のことを本章では統一してハビタットと呼ぶ。
＊2：ある種の個体の集まりのことを個体群（population）と呼ぶ。

が交雑し，野生個体群[*2]が悪影響を受けていないかと危惧する声もある。

病原体の蔓延，有害化学物質なども個体数を減少させ，絶滅の危険を増大させる原因である。世界各地の両生類の激減や絶滅を引き起こしてきたカエルツボカビ症（Stuart et al. 2004）の脅威は，日本でも報じられたのでご存知の方も多いだろう。また，レイチェル・カーソン（1962）がその著書『沈黙の春』の中で初めて警鐘を鳴らした，食物連鎖を通して生物濃縮されるDDT（ジクロロジフェニルトリクロロエタン）などの農薬による生態系への影響は有名である。

近年，気候変動による温暖化が野生生物の絶滅や個体数減少を引き起こす可能性も指摘されている。ホッキョクグマは採餌や繁殖などを海氷に強く依存するが，温暖化による海氷の消失がホッキョクグマを激減させ，近い将来絶滅に追い込むといった予測（Durner et al. 2009, Hunter et al. 2010）はその一例である。

以上で述べた要因は個体群の大きさとは関係なく個体数を減らすものであるが，個体数が非常に少なくなると特に絶滅の危険性が高くなる要因もある。例えば，生息密度が低いことで繁殖相手を効率的に見つけることができなくなり，その影響で繁殖率が下がって個体群が絶滅してしまうことがある。これはアリー効果（Allee effect; 個体が集合することによる適応度の増加）の消失として知られている現象である（3.3. で解説する最少存続個体数の概念と関係）。ちなみに，同様の概念を指して水産資源学では depensation という用語が使われている（Hilborn & Walters 1992）。また，小さな個体群は，良い年や悪い年があるといった環境（気候や餌生物の量など）のランダムな変動や，生まれた子がオスばかりだった，あるいは続けて死んでしまうなどの影響で個体数変化の振れが大きくなっても絶滅することがある。前者のような絶滅の要因を環境の揺らぎまたは環境確率性（environmental stochasticity），後者を人口学的揺らぎまたは人口学的確率性（demographic stochasticity）と呼ぶ。環境の揺らぎは同じ環境に生息するすべての個体に影響するが，人口学的揺らぎは個体ごとに影響する。個体数が比較的多いときは，個体ごとに独立に生じる人口学的揺らぎはそれぞれの影響を相殺するため，環境の揺らぎの効果の大きさに比べその影響は小さい。しかし，個体数が数十個体などと非常に少なくなると，人口学的揺らぎの効果は無視できなくなる（図2）。

大洪水や大雪，火山の噴火などの数十年，数百年の時間間隔で起こる確率

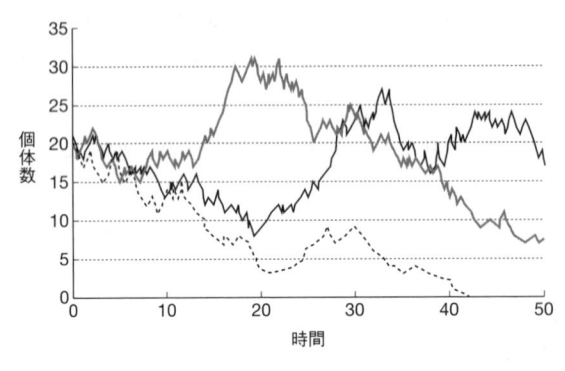

図2 人口学的確率性(人口学的揺らぎ)による絶滅のシミュレーション例

個体群サイズが小さいと,平均では20個体ぐらいに維持されるべき個体群が,生まれた子供がたまたまオスばかりだった,あるいは続けてすぐに死んでしまったなどの原因で,不運にも絶滅してしまうことがある(破線が示す個体群)。

的な要因(これらをカタストロフと呼ぶ)もある。これは稀に起こる自然の事象であり,予測できないものであるが,個体群のある部分を死滅させてしまうことを考えると,小さい集団ほど影響が大きい。このようなカタストロフの打撃を受けることがないよう,人為的な影響による個体数の減少は避けることが肝要である。

　個体数が減少すると,生物の繁殖率や生存率を低下させる遺伝的要因が作用することがある。これを遺伝的劣化と言う。個体群サイズが一時的に小さくなると,遺伝的浮動(genetic drift)または遺伝的確率性(genetic stochasticity; Shaffer 1981)と呼ばれる遺伝子頻度の確率的な変動によって,遺伝的変異(遺伝子の多様性)が失われる可能性がある。こうして一度,個体数が激減し遺伝的変異が失われると,その後,個体数が回復しても,他の集団からの移住や突然変異が起こらない限り,遺伝的変異は失われたままになる。この現象は,ビール瓶などの首が細くなる様子に喩えて遺伝的ボトルネック(genetic bottleneck),あるいは単にボトルネック効果(bottleneck effect)と呼ばれる。環境がすべてを決めるわけではないが,個体群がある特定の環境に適応している状況を考えてみると,環境の変化がなければ,個体群の遺伝的変異が消失してもその増減率に与える影響は小さいだろう。しかし,環境が大きく変化した場合には,遺伝的変異が消失した個体群が新しい環境へ適応できなければ,個体群はあっという間に絶滅すると予想される。もう1つ忘れてはならない遺伝的劣化として,集団サイズが縮小することにより,近交弱勢(近親交配による生存率や繁殖率の低下)が発現する問題もある。

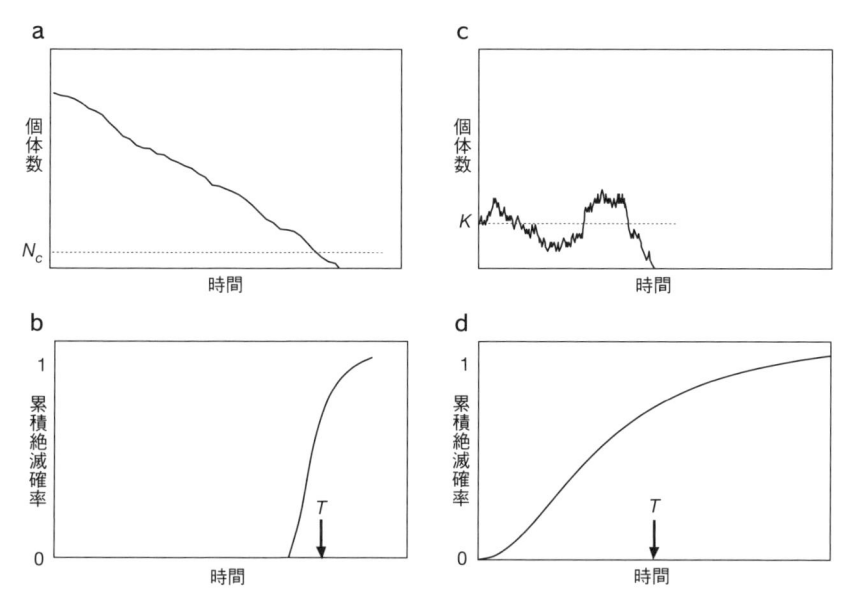

図3 絶滅の危険性のある個体群とその絶滅確率の変化 (矢原ら 1996 を参考に作図)
a: 個体数が連続して減少する場合で，絶滅の危険は個体数が N_c 以下になるまで顕在化しない。**b**: **a**の場合の絶滅確率の変化。個体群サイズが N_c のレベルに達するまで，絶滅確率は0とみなされる。N_c レベル以下になると，決定論的な減少要因以外にも，**c**, **d** で示すような確率的要因も大きく影響し始める。その結果，絶滅までの平均待ち時間 T を過ぎると絶滅確率は急激に1に達する。**c**: 個体数が少ない場合で，個体数は平均値 K（破線）のまわりを変動する。K が小さいほど変動幅が大きく，偶然に大きく減少したときに絶滅の危険性が高くなる。**d**: **c** の場合の絶滅確率の変化。ある時間内での絶滅確率は，特定の時点で絶滅確率の累積で表され，時間の経過とともに増大する。運がよければ絶滅までの待ち時間 T を過ぎても存続できるので，絶滅確率が1になるのは T より後になる。

2.2. 絶滅に至る2つの道筋

　個体群の存続と絶滅のプロセスを理解することは，野生生物を絶滅から救ううえで欠かせない。個体群が絶滅に至る道筋は大きく分けて2通りある（図3）。一方は，個体数が過去から未来にわたって一貫して減少し続け，最後は絶滅してしまうものである。野生生物の個体数は自然変動によっても上下に揺らぐが，この場合は平均的な個体数が確実に減少していって絶滅する。もう一方は，何らかの原因ですでに個体数が非常に少なくなってしまっているとき，個体数変動に確率的要素が働いて不運にも絶滅してしまう場合である。前者のような絶滅は決定論的絶滅（deterministic extinction），後者は確率論

的絶滅（stochastic extinction）と呼ばれる（Gilpin & Soulé 1986）。個体数を確実に減らすような，ハビタットの破壊，乱獲，アリー効果の消失や近交弱勢などは決定論的絶滅の要因である。環境の揺らぎや人口学的揺らぎは確率論的絶滅の原因である。

　これら2つの絶滅プロセスを扱う概念的な枠組みをそれぞれ「減少している個体群パラダイム（declining-population paradigm）」，「小さな個体群パラダイム（small population paradigm）」と呼ぶ（Caughley 1994, Caughley & Gunn 1996）。簡単に言えば，前者は「何らかの人為的な要因によって個体数が減り続けている場合は，早くその原因を突き止めて対処しよう」とする考え方，後者は「個体群が非常に小さいと（確率的要因が働いて）偶然に絶滅してしまう危険があるから注意しよう」とする考え方である。実際の絶滅では，個体数の減少が続いて個体群が小さくなるほど，複数の絶滅の要因が相乗的に作用し絶滅をさらに加速させると考えられる。この現象は，鳴門の渦潮のように中心に向かって加速する水流に喩えて「絶滅への渦（extinction vortex）」と呼ばれる（Gilpin & Soulé 1986）。これら2つのパラダイムは，野生生物を絶滅から救うための方策を立てるうえでの両輪である。6.2.で紹介するIUCNレッドリストのカテゴリー判定基準はこれら2つパラダイムに基づいて作られている。

3. 存続と絶滅のプロセスに関連する理論と概念

　この節では個体群の存続と絶滅のプロセスを考えるうえで重要な理論や概念を簡単に紹介しておこう。

3.1. メタ個体群動態論

　一般に野生生物は大きな1つの集団として一様に分布するのではなく，空間的に不均一に分布している。これはハビタットに適した場所がモザイク状に点在していることや，その生物に特有の移動分散パターンなどによって生じる。分布に切れ目があるように見えるときは，それぞれが小さな局所個体群（local population）となる。このように空間構造を持ち，個体の移動が相互にあり，遺伝子の交流がある局所個体群の集まりをメタ個体群（metapopulation）と言う（総説はHanski 1999を参照）。保全生態学が扱う生物個体群の多くは，開発などによってハビタットが分断され，個体群がそれ

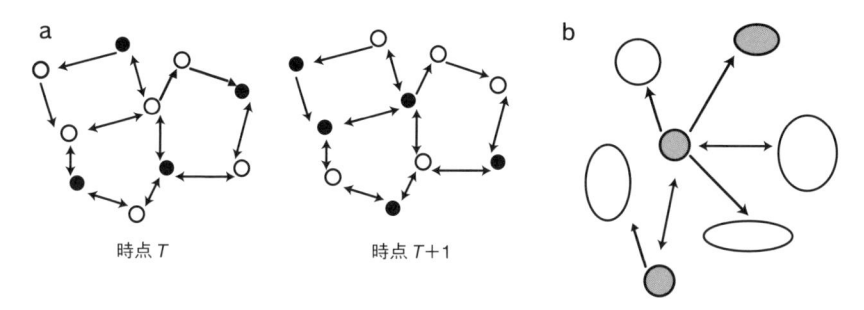

図4 メタ個体群動態
a：時点 T から $T+1$ へと経過したときのメタ個体群動態の模式図。●は局所個体群が占有しているハビタットパッチ（植生の違いなどのハビタットとしての特徴が異なる局所領域），○は空いているパッチ，矢印はパッチ間における個体の移動の方向を示す。$T+1$ では，T において空きパッチであったところに個体が移動して局所個体群が復活したりする。逆に，占有パッチでは局所個体群が絶滅してしまったりする。b：ソース・シンクメタ個体群（source-sink metapopulation）の模式図。⬭は質の良いハビタット（ソース），◯は質の悪いハビタット（シンク），矢印は個体のパッチ間での移動を表す。

ら断片化されたハビタットに分割されてしまった場合であり，メタ個体群の概念はそのような個体群の存続あるいは絶滅を予測するうえで重要である。

野生生物がメタ個体群を形成している場合，ある局所個体群が一度絶滅したとしても，他からの個体の移動により新たな局所個体群が再生される可能性がある。このように，複数の局所個体群が，個体の相互の移動によってそれぞれ絶滅と再生を繰り返すならば，メタ個体群としては存続することができる（図4-a）。しかし，そのためにはいくつかの条件を満たしていなければならない。Hanski *et al.* (1995) は，ハビタットの分断化によって分割された個体群が，メタ個体群として長期にわたり存続するための以下のような4つの条件を挙げている（Hanski & Kuussaari 1995 も参照）：①それぞれの局所個体群は，個体の移動により相互に関係を持ちつつ個別の繁殖集団を維持している；②メタ個体群全体としての存続を決めてしまうような非常に大きな局所個体群（移動個体の主な供給源）はない；③それぞれの局所個体群は，絶滅してしまった場合，他からの個体の移動による再生ができないほど隔絶されてはいない；④すべての局所個体群が同時に絶滅することがないように，それぞれの局所個体群の変動は同期していない。これらの条件の他にも，ハビタットになり得る場所（潜在的ハビタット）が保護されているか，破壊されてしまったかなどもメタ個体群全体の存続を大きく左右するため，重要な

要素となる。

ハビタットの分断化によって分割された個体群がメタ個体群構造を形成するかどうかは，その変動や個体の移動分散パターンなどの理解から慎重に判断し，メタ個体群構造がある場合とない場合とでそれぞれに適した保全管理を行う必要がある。

3.2. ソースとシンクの動態論

野生生物のハビタットにも質の"良い"場所と"悪い"場所があると考えるのが自然である。良いハビタットでは，繁殖成功率が死亡率を上回り個体数は増加するが，悪い場所では，逆に死亡率が繁殖率を上回り個体数は減少する。Pulliam(1988)は，良いハビタットをソース（source），悪いハビタットをシンク（sink），それぞれの個体群をソース個体群（source population），シンク個体群（sink population）と呼び，次のようなソースとシンクの個体群動態モデルを考えた。ソース個体群では，ソースがまかなえる最大数を超えると余剰分の個体はシンクへと移動する。シンク個体群はソースからの個体の移動分散がなければ，その名のごとく排水口に流れていくように個体数が減少し絶滅してしまう。5.2.で紹介するLevins（1969）のメタ個体群モデルでは，ハビタットの質はどこでも同じという仮定が置かれているが，ソースとシンクの概念を加えたメタ個体群モデルも考えられている（図4-b）。

ソースとシンク個体群の理論的な研究からは，野生生物の個体群とハビタットの保全にかかわる，いくつかの重要な結論が導き出されている。そのうち最も重要なものは，ソースにはメタ個体群全体のほんの一部の個体しかいない場合があるというものである。多くの野生生物に関する繁殖率や生存率を使った解析から，全体の個体数の10％ほどがソースに存在し，それがシンクの個体数の90％を維持しているという結果が得られている（Pulliam 1988）。野生生物の生息密度が高い地域を，ハビタットとしての質が良い場所として保護される場合が多いが，この結果はそこが必ずしも保全すべきソースではなく，シンクの可能性があることを示唆している。このことはまた，ハビタットの質の評価は生息密度ではなく，個体群の動態特性に基づくべきであることを示している。

3.3. 最小存続個体数（MVP）

　野生生物の個体群は，小さくなればなるほど絶滅の危険性が高くなることはすでに述べた。ではどれくらいの小ささまでなら絶滅の危険がないと言えるのだろうか。北米に生息するビッグホーンシープについて，個体群が絶滅した120か所の地域に再導入された個体を70年間にわたり調査した報告がある（Berger 1990）。それによると，再導入個体数が50未満の個体群は50年以内にすべて絶滅したが，100個体以上が導入された地域の個体群の多くは存続した。この結果は，個体群を長期間存続させるために必要な最小個体数があることを示唆している。Shaffer（1981）は，野生生物には人口学的，遺伝学的，及び環境確率性とカタストロフがある条件下でも存続可能な最小個体群サイズがあるとして，最小存続個体数（Minimum Viable Population, MVP）という概念を提唱した（2.1. で説明したアリー効果の消失はMVPに関係する要因の1つ）。6.2. で説明するIUCNレッドリストカテゴリーの判定基準CとDはMVPの概念から定められたものである。

　Shaffer（1981）はMVPの推定方法として，実験，生物地理的分布パターンの調査，数理モデルによる分析，集団遺伝学の知見に基づく検討を挙げている。ビックホーンシープの事例は壮大な野外実験によるMVP推定と言えるが，調査や実験によるMVP推定は一般には困難なため，このような例は非常に少なく，MVP推定の多くは数理モデルを用いた個体群存続可能性分析（PVA; 4.）によって行われてきた（Traill et al. 2007）。PVAでは確率的な変動の効果による絶滅リスクを評価するため，「100年間に絶滅する確率は5%以下」などの基準を用いてMVPを推定する。期間や確率の値は任意であるが，100年間の絶滅確率が5～10%以下という組み合わせが多い。期間の単位は年ではなく，世代とする方が適切だとする議論もある（Frankham & Brook 2004, O'Grady et al. 2008）。これは，成熟年齢などの違いで個体数変動の時間スケールが生物によって異なるからである。Shaffer & Samson（1985）がハイイログマを対象に行ったPVAによるMVP推定は，古典的な事例として有名である。この研究では人口学的揺らぎと環境の揺らぎのみを考慮し，100年間の絶滅確率が5%以下という基準によりMVPを50～90頭と推定した。PVAによるMVP推定値は，期間と絶滅確率の定義に依存して値が変わるため，推定値の比較などを行う場合はその点に留意する必要があ

る。

　個体数減少と遺伝的劣化との関係はすでに述べたが，MVP 推定では集団遺伝学的な観点からの考察も重視されてきた（Franklin 1980, Frankham 2005）。Franklin（1980）は，短期的に生ずる近交弱勢を避けるためには有効集団サイズ（effective population size; N_e）*3 を 50 個体以上に維持すること，また，個体群内の遺伝的変異を長期にわたって保障し，環境変化へ適応できる（つまり，進化できる）余地を残すためには N_e を 500 個体以上に維持することを提案した。これは "50/500 ルール" として大変よく知られており，IUCN レッドリストカテゴリーの判定基準 C と D における閾値の個体数の基礎にもなっている（Mace & Lande 1991; 6.2.）。近年，"50/500 ルール" の妥当性に関しては議論があり，提案から 30 年以上が経ち集団遺伝学にも進展があったが，保全の目安としては現在でも有用であるとする意見（Jamieson & Allendorf 2012）と，最新の遺伝学的な知見を考慮するならば，この経験則は "100/1000 ルール" に改められるべきとの提案もある（Frankham et al. 2014）。

　ところで，N_e が 50 や 500 とは実際にはどれくらいの個体数に相当するのだろうか？　総個体数に対する N_e の割合は，個体群変動や性比などの要因に影響されるため状況によって異なるが，Frankham（1995）は総成熟個体数に対する N_e の平均的な割合を 10%程度と推定している。この値によるならば，N_e を 50 に維持するためには 500 の成熟個体が実際には必要という計算になる。

　1980 年代以降，PVA によって多くの種の MVP が推定されてきたが，近年では，複数種（100〜1,200 種の主に動物）に対して個別に得られた MVP を網羅的に評価し，保全の一般則となるような MVP を推定しようとする試みもある（Reed et al. 2003, Brook et al. 2006, Traill et al. 2007, Traill et al. 2010）。例えば，Traill et al.（2010）は PVA による MVP と集団遺伝学的な考察からの MVP を広範に調べ，環境変動やカタストロフがある状況でも個体群が長期にわたり存続し，なおかつ，進化できる可能性にも配慮するならば，一般則としての MVP は少なくとも 5,000 個体以上になると主張してい

＊3：有効集団サイズとは，有性生殖にかかわり，遺伝子多様度の大きさに寄与する集団中の個体の数を指す（鷲谷・矢原 1996）。

る。しかし，これらの網羅的な評価に対しては，手法の誤りやデータの不適切な取扱い，PVA による MVP の精度の問題（次節）などが指摘されており，一般則としての MVP の妥当性を支持するいかなるデータや理論もないとの批判がある（Flather et al. 2011a; Brook et al. 2011, Flather et al. 2011b も参照）。また，島嶼に生息している多くの生物は 5,000 個体よりもはるかに少ない数で長期にわたり存続している事例などを示し，数千個体の MVP 標準値はあまりにも過大推定であるとの反論もある（例えば，Garnett & Zander 2011, Shoemaker et al. 2013）。

　野生生物の個体群の絶滅は，それぞれの種の生態特性が，様々な絶滅要因と複雑に絡み合いながら相乗的に作用して起こると考えられる。いずれにしても，500 や 5,000 などという数字はあくまでも目安と考えるべきであり，MVP 推定には個別ケースごとの慎重な分析・検討・判断が必要であろう（鷲谷・矢原 1996）。

4. 個体群存続可能性分析（PVA）

　絶滅の危険性を定量的に評価すれば，その情報を野生生物の保全計画策定における意思決定の参考にできる。例えば，現状の計画を継続した場合と変更した場合とを比較し，今後の計画について判断しなければならないとする。このとき，「変更した場合，絶滅の可能性はかなり低くなる」といったあいまいな情報よりも，定量的な解析から「変更した場合には今後 100 年間の絶滅確率は 60％から 20％に下がる」といった情報を得た方が意思決定はしやすい。

　対象とする野生生物について，年齢別の繁殖率や生存率などの生活史特性，あるいは増加率や環境収容力[*4]などの情報が得られる場合は，個体群動態を模擬する数理モデルを利用して絶滅の危険性を評価できる。この方法は個体群存続可能性分析（Population Viability Analysis; Shaffer 1990），あるいはまれに個体群絶滅可能性分析（Population Vulnerability Analysis; Gilpin & Soulé 1986）と呼ばれ，どちらも PVA と略される。水産資源評価の手法に VPA（Virtual Population Analysis; 第 5 章）というものがあり，水産資源研究

[*4]：ある生態系が維持できる個体数（Primack 2012）。

者から PVA はスペルミスではないかと指摘されることがあるが，両者は全く別の手法である．広い意味では専門家の見解に基づいた定性的な分析なども PVA に含まれるようだが，一般的にはモデルを用いた定量的な解析を指す (Ralls et al. 2002, Reed et al. 2002)．もともとは MVP (3.3.) の推定に関連して発達した手法だが，保全管理策定のための絶滅リスク評価にも広く用いられている (Beissinger 2002)．また，PVA は IUCN レッドリストカテゴリーの判定基準 E (6.2.) に適用される絶滅確率を推定するための手法の 1 つにもなっている (Mace et al. 2008, IUCN 2012, 2014)．

3.3. で紹介した Shaffer & Samson (1985) によるハイイログマの MVP 推定は，PVA を用いた先駆的な研究の 1 つである．その他の有名な事例として，北米のキタマダラフクロウの PVA がある (例えば，McKelvey et al. 1993)．日本の先駆的な事例としては，カワラノギク (嶋田 1997, 石濱 2002)，ミナミマグロ (Matsuda et al. 1997, 1998)，ツキノワグマ (Horino & Miura 2000)，トド (松田・高橋 1998) などがある．

PVA で用いる個体群動態モデルには，齢構成などの個体差を一切考えない単純なモデル (Dennis et al. 1991, Hakoyama & Iwasa 2000) から，齢構成・体サイズ・成長段階などを考慮したモデル (Caswell 2000)，ハビタットの空間構造や質を取り入れたメタ個体群モデル (例えば，McKelvey et al. 1993)，生存や繁殖，移動距離などの個体差を考えた個体ベースモデル (individual-based model, IBM; DeAngelis & Gross 1992) のような複雑なものまである．さらに，絶滅の要因 (環境確率性・人口学的確率性や遺伝的劣化など) として何を考慮しているかでもモデルの複雑さは変わる．単純なモデルについては 5. で紹介するが，PVA のモデルに関しては Beissinger & Westphal (1998) に分かりやすくまとめられているので，興味がある読者は参照してほしい．

どのモデルを PVA で用いるかは，解析の目的，モデルの仮定が対象生物の実際の状況に対して成り立つか，また，モデルを構築するためのデータがどの程度収集されているかなどによる (Ralls et al. 2002)．個体差やハビタットの空間構造を考慮した複雑なモデルは，現実に近く，絶滅リスクを評価するには都合がいいように思えるが，モデルが複雑になると入力に必要なデータや推定しなければならないパラメータ[5]の数は増える．一方，多くの絶滅危惧生物では，パラメータを推定するためのデータが十分に収集できていない場合がほとんどである．このような状況では複雑なモデルよりも，デー

タの要求が少なく，必要最低限の推定パラメータのみを含んだ単純なモデルの方が適している。

　PVA にはコンピュータシミュレーションによるアプローチと，解析的に絶滅確率の理論式を導出して行うアプローチの２つがある。個体差やハビタットの実際の分布パターンなどを考慮した複雑なモデルを用いる場合は，絶滅確率の理論式を解析的に導出することが困難なため，シミュレーションによって PVA を行う。上で紹介したキタマダラフクロウやカワラノギクの事例では，モデルが複雑なためシミュレーションによって絶滅リスクを評価している。シミュレーションによる PVA には汎用のソフトウェアが開発されており，モデルやプログラミングの知識がない初心者でも比較的簡単に PVA を行うことができる。代表的なものに RAMAS[6]（Akçakaya & Ferson 1990, Ferson 1990, Ferson & Akçakaya 1990, Akçakaya 2002a, b）と Vortex[7]（Lacy 1993, Lacy 2000, Lacy & Pollak 2014）がある。これらの汎用ソフトは，組み込まれているモデルの構造やソフトの機能などが異なるため（Lindenmayer *et al.* 1995），利用する場合は目的や入手可能なデータ，対象生物の生態特性に適したソフトを選ぶ。汎用ソフトは誰でもすぐに PVA ができるという点では便利なものだが，汎用であるがために融通が利かないこともある。例えば，対象生物の生態に関する情報不足から，ソフトに入力する多数のパラメータの推定値が得られず，仮定値ばかりを入力しなくてはならない状況や，計算過程を生物の生態学的な特徴に合うように変更したくてもそれができない状況などが考えられる。こういったケースでは個別の状況に対応したモデルを作成し，独自に PVA のプログラムを開発しなければならない。

　モデルが複雑な場合はシミュレーションによるアプローチを取らざるを得ないが，単純なモデルであれば，絶滅確率計算のための理論式を解析的に導

---

[5]：個体群動態モデルの挙動を決める係数のこと（例えば，繁殖率や死亡率など）。パラメータの値は，他の研究ですでに推定されているものを入力データとしてモデルへ入れる場合と，モデルから計算される予測値（個体数の年変化など）と観測データとが合うようにパラメータの値を統計学的な手法を用いて推定する場合とがある。後者のような方法をデータへのモデルフィッティングという。

[6]：詳しい説明は RAMAS のウェブサイト（http://www.ramas.com/）を参照。有償のソフトである。

[7]：詳細は Vortex のウェブサイト（http://vortex10.org/Vortex10.aspx）を参照。配布は無償。

き出し，現在の個体数，増加率，環境変動のばらつきなど，値が分かってい
る（あるいは容易に推定可能な）情報からこの公式を用いて絶滅確率を推定
することができる（例えば，Dennis et al. 1991, Hakoyama & Iwasa 2000）。こ
のアプローチでは，絶滅確率を推定するためにシミュレーションで行うよう
な数千回の繰り返し計算をする必要がない．巌佐・箱山（1997a, b;
Hakoyama & Iwasa 2000 も参照）は，カノニカルモデルという必要最小限の
パラメータのみを含んだ単純なモデル（5.）によって絶滅確率を推定する方
法を提案している．カノニカルモデルは，複雑で現実的なモデルと同じよう
な個体数変動を近似的に表せるモデルでありながら，単純なモデルのため，
平均絶滅時間（逆数が絶滅確率）の公式を導き出すことができる．個体数変
動の時系列データからカノニカルモデルのパラメータ値を推定することがで
きれば，導出された公式を用いて絶滅確率の計算ができるのである．

　最後に PVA から得られる結果の精度について述べておきたい．確かに
PVA は絶滅リスク評価を行うための有効な手段ではあるのだが，絶滅確率
や将来予測の推定精度をめぐっては多くの議論がある（例えば，Ludwig
1996, Brook et al. 1997, Beissinger & Westphal 1998, Ludwig 1999, Brook et
al. 2000a, b, Fieberg & Ellner 2000, Lindenmayer et al. 2000, Coulson et al.
2001, Ellner et al. 2002, Reed et al. 2002, Lindenmayer et al. 2003）．ここでは
議論の詳細は省くが，留意すべき問題は，十分なデータを収集できず PVA
に入力する情報の不確実性が大きい場合に絶滅確率や将来予測の精度が極端
に悪くなるという指摘である．この問題はデータの要求が多い複雑なモデル
だけでなく，単純なモデルに対しても指摘されている（例えば，個体数の時
系列データが十分にない場合など）．絶滅危惧生物の場合，正確なデータを
十分に収集することは困難であることも考えられ，実際には PVA を利用で
きるケースは限られるかもしれない．推定精度をめぐるこの一連の議論から，
現在ではデータが十分に収集されている場合を除いて，PVA から推定され
た MVP や絶滅確率は絶対値として検討するのではなく，異なる保全計画の
有効性などを比較する場合に相対値として用いることが適切であるというこ
とが多くの保全生態学者の共通認識になっている（Beissinger and Westphal
1998, Reed et al. 2002）．PVA からの結果を相対値として扱う場合でも，PVA
を実施する前にデータの量と質をよく吟味し，精度も含めて目的に合致した
解析ができるか検討しておかなければならないことは言うまでもない．

5. 絶滅リスク評価のための数理モデル

本節では前節で紹介した PVA による絶滅リスク評価についてもう少し具体的にイメージできるように，PVA で用いられる単純なモデルをいくつか紹介する。ハビタットの空間構造などを考慮した複雑なシミュレーションモデルについては，前節でも言及したキタマダラフクロウ（McKelvey *et al.* 1993），カワラノギク（嶋田 1997，石濱 2002），ツキノワグマ（Horino & Miura 2000）などの事例を参照していただきたい。

5.1. 個体群が1つの場合のモデル

はじめに，ハビタットの破壊や乱獲などの決定論的要因のみによって個体数が一貫して減り続けている場合（図 3-a）を想定してみよう。この場合の絶滅確率の変化は，未来のある時点の前後で 0% から 100% へと急増する（図 3-b）。最も単純な個体群動態モデルとして，以下のような漸化式を考える（矢原ら 1996）。

$$N_t = rN_{t-1} = r^2 N_{t-2} = \cdots = r^t N_0 \qquad \cdots\cdots (1)$$

ここで，N_t は t 年における個体数，r は個体数の変化率を表す。個体数が減り続けている場合は $r<1$ であるので，年間の減少率は $1-r$ と表せる。例えば，年変化率が $r=0.6$ の個体群の減少率は $1-0.6=0.4$（40%）となる。このモデルを用いれば，現在の個体数と年平均減少率の情報から，絶滅までの待ち時間を計算することができる。すでに述べたが，決定論的要因により個体数が連続的に減少している場合は，絶滅確率が 0 から急増するのは絶滅時点にかなり近づいたときである（図 3-b）。そこで，絶滅直前の人口学的揺らぎ（2.1.）の影響も考慮して $N_t=50$ となった時点で絶滅してしまうと仮定すると，(1) 式から $r^t N_0 = 50$ となり，絶滅までの待ち時間は，

$$t = \frac{\log 50 - \log N_0}{\log r} \qquad \cdots\cdots (2)$$

となる。上で定めたような仮の絶滅を擬似絶滅（quasiextinction）と呼ぶ（Burgman *et al.* 1992）。(2) 式を見ると，絶滅までの待ち時間が，現在の個体数と年変化率に依存することが分かる。いま仮に，ある野生生物の現在の個体数が 10,000 個体，年変化率が 0.85 でこの傾向が将来も続くとすれば，

絶滅までの待ち時間は32年と計算される。

次に，何らかの決定論的な要因で個体数が減少してしまい，確率論的な要因（2.1.と2.2.）による絶滅リスクにさらされている個体群について考えてみる（図3-c, d）。メタ個体群などの空間構造も絶滅リスクに大きな影響を与えるが，それを無視することができるならば，環境の揺らぎと人口学的揺らぎを考慮して個体数 N の変動は以下のような単純なモデルで表すことができる（巌佐・箱山 1997a, b, Hakoyama & Iwasa 2000）。

$$\frac{dN}{d\tau} = r(N)N + \sigma_e \xi_e(\tau) \circ N + \xi_d(\tau) \cdot \sqrt{N} \qquad \cdots\cdots (3) *8$$

右辺の第1項は，平均的な個体数の変化を表している。$r(N)$ は個体数が少ないときの1個体当たりの増加率で，密度効果[*9]がある個体群では N の関数となる。例えば，増加率が N の増加とともにS字状に変化すると考えるならば，$r(N)$ はロジスティック関数 $r_{max}(1-N/K)$ で表せる（r_{max} は最大の増加率，K は環境収容力[*10]）。第2項は環境の揺らぎ（2.1.）による個体数への影響を表している[*11]。これを見ると，環境の揺らぎが個体数 N に比例し，N が大きくなってもその影響がなくならないことが分かる。第3項は人口学的揺らぎの効果を表している[*12]。人口学的揺らぎの項は個体数 N の平方根に比例しているので，N に比例している環境の揺らぎに比べて，N が小さくなると相対的にその影響が大きくなる。逆に，N が大きくなると環境変動の影響が強くなる。この式では，時間 τ の単位は1年ではなく平均世代時間を考えている。

対象生物の個体群動態がロジスティック増加の（3）式に従っていると仮

[*8]：(3) 式は確率微分方程式である。単純なモデルだからと言って，高度な数学的知識を必要としない簡単なモデルとは限らないが，ユーザー目線で言うならば，難解な公式の導出は数学に強い人に任せてしまえばよいだろう。

[*9]：個体数が増加することにともない，増加が抑制される効果のこと（鷲谷・矢原 1996）。

[*10]：ある生態系が維持できる個体数あるいは生物量（バイオマス，biomass）のこと（Primack 2012）。

[*11]：σ_e は環境の揺らぎの強さ，$\xi_e(\tau)$ はホワイトノイズと呼ばれるもので，短い時間で正負の符号が頻繁に入れ替わる変動を示す。例えば，個体数が平均値の周りで年変動するならば，ホワイトノイズはその変動部分だけを取り出した数学的表現になっている。第2項にある「○」は，ホワイトノイズが至るところ不連続な「超関数」であり，この微分方程式をストラトノビッチ積分という通常とは異なる積分によって解くことを表している（Hakoyama & Iwasa 2000）。

定でき，N が環境収容力 K の周りで変動しているなら，個体数の時系列データさえあれば，その平均値から K を，自己相関関数から r_{max} と σ_e を推定することができる（Hakoyama & Iwasa 2000）。そして，今後も過去と同じような個体数変動の傾向が続くとすれば，(3) 式から導出した絶滅までの平均待ち時間を計算する理論式（r_{max} と σ_e の関数になっている）に r_{max} と σ_e の推定値を代入し，その結果から絶滅確率を求めることができる*13。

絶滅が危惧される生物では，決定論的要因にさらに確率論的な要因が作用して減少しているという状況が多いであろう。つまり，$r(N)$ は負で，個体数が揺らぎながら減り続けるケースである。個体数が非常に少なくなれば人口学的揺らぎの影響が出てくるが，減少率が大きいときにはその影響を無視することができる。このような場合は，密度効果を仮定しない，環境の揺らぎによる r の年変動のみを組み込んださらに単純なモデルによって絶滅確率を求めることができる*14（Lande and Orzack 1988, Dennis et al. 1991）。4. で紹介したトド（松田・高橋 1998）とミナミマグロ（Matsuda et al. 1998）の PVA はこのモデルを用いた事例である。

5.2. メタ個体群モデル

野生生物はパッチ状に広がる複数の小さなハビタットに，移動によってハビタット間の関係を保ちながらメタ個体群（3.1., 図 4-a）を構成している場合がある。このような個体群の空間構造も絶滅の危険性を大きく左右する。ここではメタ個体群に注目して（個々の局所個体群の動態は無視して），メ

---

* 12：$\xi_d(\tau)$ も $\xi_e(\tau)$ と同様にホワイトノイズである。第 3 項の「・」は伊藤積分というもので解くことを示している（Hakoyama & Iwasa 2000）。
* 13：(3) 式から導出された理論式は少し難しい形をしており，絶滅までの待ち時間を計算するには二重積分の知識が必要だが，Hakoyama & Iwasa（2000）では，r_{max} と σ_e の値が特定の範囲内にあるならば，絶滅までの待ち時間を以下の式で近似的に計算できることを示している。

$$\log_{10}T = \frac{2.024\,r_{max}}{\sigma_e^2}\log_{10}\frac{r_{max}K}{3} - \frac{2.628\,r_{max}}{\sigma_e^2} + \frac{2.907\sqrt{r_{max}}}{\sigma_e} - \log_{10}r_{max} + 0.0589$$

ちなみに，(3) 式は平均世代時間を 1 単位時間としてあるので，絶滅までの待ち時間の逆数として求まるものは世代当たりの平均絶滅確率である。
* 14：この場合のモデルは (3) 式の右辺の第 3 項を取り除いた形になり，$r(N)$ は定数とし指数増加を仮定する。導出された絶滅確率の理論式の紹介はここでは省くが，興味のある読者は Dennis et al.（1991）の (16) 式と Appendix の説明を参照してほしい。この場合でも，個体数の時系列データさえあれば絶滅確率を計算できる。

タ個体群の大きさのみの変動を表す非常に単純なモデルを考えてみよう (Levins 1969)。$P(t)$ を時刻 t における局所個体群が占有しているハビタットパッチの割合とすると，その変化量は微分方程式として，

$$\frac{dP}{dt} = cP(1-P) - eP \qquad \cdots\cdots (4)$$

と書ける。ここで，c は他の局所個体群からの個体の移入によって空きパッチが占有される変化率，e はあるパッチを占有している局所個体群が絶滅することによって消失する（空きパッチになる）変化率である。右辺の第1項は新たにパッチが占有される変化量で，占有パッチの割合 P と空きパッチの割合 $1-P$ に比例することを表している。第2項は局所個体群が絶滅して空きパッチができる変化量を表し，P に比例している。平衡状態での P は $dP/dt=0$ として簡単に求められる。

$$P^* = 1 - \frac{e}{c} \qquad \cdots\cdots (5)$$

この式の意味するところは明快である。e/c が1に等しいか，1より大きくなると $P \leq 0$ となり，メタ個体群全体は絶滅してしまう。相対的に，空きパッチが占有される変化率が小さくなっても，パッチを占有する局所個体群が絶滅する変化率が大きくなっても，メタ個体群全体の絶滅リスクは高くなる。どの程度のリスクかは両者の比に関係する。メタ個体群が存続する条件 ($P^*>0$) を考えると，$e/c<1$ が得られる。これはメタ個体群が存続するためには，あるパッチが占有されている間（$1/e$ で与えられる）に，そこからの個体の移動によって新たな局所個体群が少なくとも1つの空きパッチにできなければならないことを意味している (Hanski 1996)。

(4) 式で表される Levins (1969) のメタ個体群モデルは単純で理解しやすいが，単純さゆえに多くの仮定が成り立つことを前提としている。例えば，各パッチの局所的な個体群動態は独立で同期しない，すべての生息地パッチは質も大きさも等しい，個体はどのパッチにも自由に移動できる，パッチの数は十分に多い，パッチ内の個体数は考慮していないなどの仮定が必要である。現在では，これらの仮定をゆるめて現実の状況に即した様々なメタ個体群モデルが考えられている (Hanski 1996)。また，3.1. で述べた4つの条件を満たすならば，Levins 型の単純なモデルを仮定し，比較的容易に収集可能な野外データを用いてメタ個体群の存続を解析することもできる (Hanski 1996)。

6. IUCN レッドリストカテゴリーとその判定基準

　絶滅危惧種の保護に向けた対策を講じるための第一歩は，まず絶滅危惧種の目録を作成し，野生生物がどのような状態に置かれているか，その実態を明らかにすることである．その世界規模の目録が，IUCN によって作成されているレッドリストである．本節では，ここまで説明してきた保全生態学の概念や考え方に触れながら，IUCN のレッドリストカテゴリーとその判定基準について解説しよう．

　IUCN は 1948 年に設立された国際的な自然保護機関で，国家，政府機関，非政府機関などを会員とする（日本は 1978 年に環境庁が日本の政府機関として初めて加盟し，1995 年に国家会員として加盟）．その目的は生物多様性の保護，天然資源の保全とその公平かつ持続可能な利用の確保である．

6.1. IUCN レッドリストカテゴリー

　IUCN のレッドリストには 9 つのカテゴリーが設けられている（IUCN 2012; 図 5）．カテゴリー体系全体は，判定基準によって絶滅リスクが評価されているかでまず大きく分かれ，評価するに足る十分なデータがあるかでさらに二分される．前者は，評価されたが絶滅危惧と判定されなかった種と評価そのものが行われていない種を明確にするために必要な分類である．十分な情報があり適切に評価された種は，絶滅リスクの程度によって 7 つのカテゴリー（DD と NE 以外）のいずれかに分類される．

　野生での存在が確認できない，また飼育・栽培下の個体も存在しない種は「絶滅（Extinct, EX）」となる．一方，野生では存在は確認できないが，個体が飼育・栽培されている，あるいは本来の分布域ではない地域に移植され野生化した個体群がまだ存続している種は「野生絶滅（Extinct in the Wild, EW）」に分類される．EX あるいは EW のどちらのリスティングにおいても，野生における絶滅の確認は非常に難しい場合が多い．そのため，絶滅の判断は，その種の歴史的な分布域全体を長期間徹底的に調査した結果から行うことが求められている（Mace *et al.* 2008, IUCN 2014）．これは，絶滅危惧種が誤って EX あるいは EW として掲載されてしまい，今まで講じられてきた保護措置が中止されてしまうことを避けるという予防原則的な考えからである．

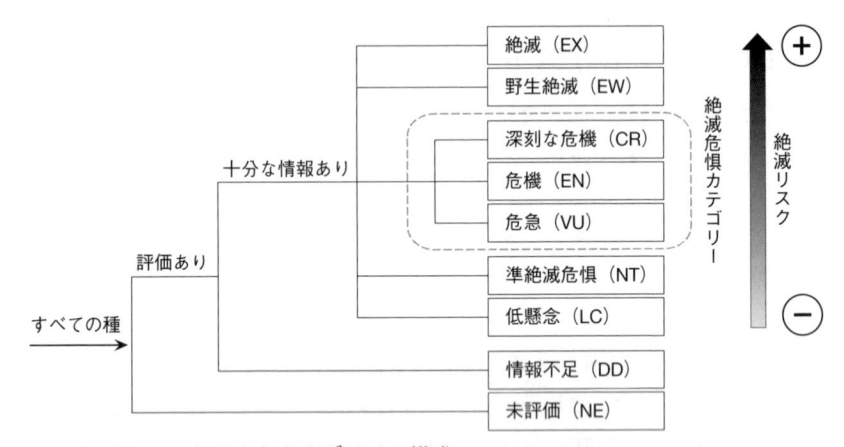

図5 IUCN レッドリストカテゴリーの構成 (IUCN 2012)
略記の英語は Extinct (EX), Extinct in the Wild (EW), Critically Endangered (CR), Endangered (EN), Vulnerable (VU), Near Threatened (NT), Least Concern (LC), Data Deficient (DD), Not Evaluated (NE).「評価あり」は 'Evaluated',「十分な情報あり」は 'Adequate data'.

　レッドリストの中心である「絶滅危惧 (Threatened)」のカテゴリーは「深刻な危機*15 (Critically Endangered, CR)」,「危機 (Endangered, EN)」及び「危急 (Vulnerable, VU)」の3つから構成されている. 対象種がこれらのどのカテゴリーに分類されるかは, 次節で紹介する定量的な判定基準によって判断する. 3つのカテゴリーがそれぞれ具体的にどの程度差し迫った絶滅リスクを示しているかは判定基準の内容を参照していただきたいが, 簡単にまとめるなら, ごく近い将来に絶滅する可能性が極めて高い種はCR, CRほどではないが近い将来の絶滅リスクが高い種はEN, 現状のまま放置すれば将来CRやENに該当してしまう種はVUとなる. 3つのカテゴリーは入れ子構造になっており, CRに該当するものはEN, VUにも該当する.

　「準絶滅危惧 (Near Threatened, NT)」には, 現時点での判定基準による評価では絶滅危惧のいずれのカテゴリーにも該当しなかったが, 近い将来に判定基準を満たしてしまう可能性がある種が分類される. 特に, 個体群サイズやハビタット消失の状態がVUの判定値に近く, さらにそれらの不確実性

＊15: 環境省レッドリストカテゴリーでは, CR に対しては「絶滅危惧 IA 類」, EN には「絶滅危惧 IB 類」, VU には「絶滅危惧 II 類」という用語を使っている.

が大きく，いくつかの副基準を満たす場合は NT に該当する。NT には判定基準が設けられていないが，IUCN (2014) に詳細なガイドラインが提供されている。

個体数が十分に多く，分布も広範であり，VU の判定基準のいずれにも該当しない種は「低懸念 (Least Concern, LC)」[16] となる。判定基準による絶滅危惧評価を試みたが，十分な情報がなく，適切な評価ができなかった種は「情報不足 (Data Deficient, DD)」に分類される。ここで注意してほしいことは，DD は単に対象種について何も分かっていないことを意味するものでもなければ，絶滅危惧でないことを示すものでもないということである。DD に分類された種についてある程度の情報が得られていて，その情報からその種が絶滅の脅威にさらされていることが推察できる場合は，予防的な措置としてその種を絶滅危惧種と同等に扱うべきことが推奨されている (Mace et al. 2008, IUCN 2014)。

絶滅リスクをまだ評価していない種は「未評価 (Not Evaluated, NE)」[17] としてリスティングする。すでに述べたように，このカテゴリーにより，評価されたが絶滅危惧と判定されなかった種と評価そのものが行われていない種が区別される。

6.2. レッドリストカテゴリーの判定基準

レッドリストへの掲載では，対象種が絶滅危惧カテゴリー (CR, EN, VU) に該当するかどうかを数値基準により客観的に判定する。基準は文章によって詳細に定義されているが，ここでは概略を表にまとめた形で紹介しよう (IUCN 2012; 表 1)。

判定には A から E までの 5 つの基準が設けられており，対象種が絶滅危惧カテゴリーに掲載されるには，その個体群の状況がいずれか 1 つの基準を満たせばよい。個体群の状況が複数の基準に適合する場合は，すべての判定結果を提示したうえで最も高いランクのカテゴリーで掲載すべきとされている (IUCN 2014)。レッドリストでは，「Vulnerable A2bd」のように，分類されたカテゴリーとともにどの基準及び条件 (後述) に適合したかも対応する

---

[16]：参考だが，環境省のレッドリストカテゴリーには LC は設けられていない。
[17]：NE も環境省レッドリストカテゴリーには設けられていない。

記号（「A2bd」の部分）で示して掲載する。表1に示した5つの基準を見ると，個体数の減少傾向や割合，個体群や分布域の大きさ，変動の有無などにより絶滅リスクを判定するようになっており，それぞれの基準が保全生態学の2つのパラダイム（2.2.）に基づいて作られたものであることを理解いただけると思う。

CITES附属書I掲載基準（2004年の改訂新基準，第1章の表5）とレッドリストカテゴリー判定基準（表1）を見比べてみると，各基準につけられたアルファベット名には相互の対応関係はないが，両者は酷似しており前者が後者に準拠したものであることが分かるだろう。ただし，CITESの掲載基準にはレッドリストカテゴリー判定の基準E（絶滅確率による判定，後述）に相当するものは設けられていない。これは留意しておくべき相違点である。CITES掲載基準の原案には絶滅確率に基づくものが基準Dとして含まれていたが，特に発展途上国にとって，絶滅確率の推定作業が技術的・経済的・体制的に困難だという理由で後に削除されてしまったそうである（石井・金子 2006）。

(1) 基準A

基準Aでは，減少している個体群パラダイムの視点から，個体数の減少割合を調べてどの絶滅危惧カテゴリーになるかを判定する。減少割合は現存個体数の推定値を過去あるいは将来の個体数推定値と比べ，その変化率として見る。変化率を見る期間は，10年または対象種の世代時間による3世代どちらか長い方をとる。ここでの個体数とは成熟個体数，つまり親の数を意味していることに注意してほしい（IUCN 2012, 2014）。変化率を世代時間を単位とした期間で見る理由は，種によって個体群変動の時間スケールは異なり，変化率はその時間スケールを単位とした十分に長い期間で見る必要があるが，世代時間（世代交代にかかる時間）を単位にすればそれを考慮できるからである。このことは，例えば成熟年齢が高い（つまり，世代時間が長い）種では，成熟年齢が低い種に比べて親になるまでの時間が長いため，子供の数の増減が成熟個体数の変動に現れてくるまでには時間がかかることを考えれば分かるだろう。10年という下限は，変化率を調べるには少なくとも10年分のデータが必要だろうという理由で決められている（Mace et al. 2008）。基準AはA1〜A4の副基準に分かれており，個体群が置かれた状況を勘案して判定するようになっている。副基準A1は過去の個体群減少の原因が明

表1　IUCNレッドリスト絶滅危惧カテゴリーの判定基準の概要 (IUCN 2012 より)

基準 A. 個体群サイズの減少（10年または3世代時間の長い方の期間における減少）

	CR	EN	VU
A1	≧90%	≧70%	≧50%
A2, A3, 及び A4	≧80%	≧50%	≧30%

A1. 過去の個体数減少が観察，推定，推測された，または疑われる場合。ただし，減少要因が可逆的で，理解されていて，かつなくなっているとき。

A2. 過去の個体数減少が観察，推定，推測された，または疑われる場合。ただし，減少要因は可逆的でないか，理解されていないか，またはなくなっていないとき。

A3. 将来の個体数減少が予測，推定される，または疑われる場合（最長100年先まで）。（ただし，右の(a)は使えない）

A4. 過去から将来にかけての個体数減少が推定，推測，予測される，または疑われる場合（最長100年先まで）。ただし，減少要因は可逆的でないか，理解されていないか，またはなくなっていないとき。

右のいずれかに基づき：
(a) 直接観察（A3の場合を除く）
(b) 豊度指数
(c) 占有面積（AOO）減少，出現範囲（EOO）減少，ハビタットの質の低下のいずれか，またはすべて
(d) 捕獲の実際の，または潜在的な水準
(e) 導入種，雑種形成，病原体，汚染物質，競争種，または寄生生物の影響

基準 B. 地理的範囲

	CR	EN	VU
B1. 出現範囲（EOO）	<100 km^2	<5,000 km^2	<20,000 km^2
B2. 占有面積（AOO）	<10 km^2	<500 km^2	<2,000 km^2

上記 B1, B2 のいずれか，または両方，かつ次の3条件の少なくとも2つ：
(a) ひどい細分化または地点数　　＝1　　≦5　　≦10
(b) 観察，推定，推測，または予測された次のいずれかの継続した減少: (i) 出現範囲; (ii) 占有面積; (iii) ハビタットの面積，範囲，質のいずれかまたはすべて; (iv) 地点数または分集団数; (v) 成熟個体数
(c) 次のいずれかの極端な変動: (i) 出現範囲; (ii) 占有面積; (iii) 地点数または分集団数; (iv) 成熟個体数

基準 C. 小さな個体群サイズとその減少

	CR	EN	VU
成熟個体数	<250	<2,500	<10,000

上記の条件かつ C1, C2 の少なくとも1つ

C1. 観察，推定，予測された継続した減少が少なくとも（将来は最長100年まで）：
　3年または1世代時間の長い方の間に25%　　5年または2世代時間の長い方の間に20%　　10年または3世代時間の長い方の間に10%

C2. 観察，推定，予測，または推測された継続した減少，かつ次の3条件の少なくとも1つ：

	CR	EN	VU
(a) (i) 各分集団の成熟個体数	≦50	≦250	≦1,000
(ii) 1つの分集団に集中する成熟個体の割合	90〜100%	95〜100%	100%
(b) 成熟個体数の極端な変動			

基準 D. 極めて小さい，あるいは分布が限定された個体群

	CR	EN	VU
D1. 成熟個体数	<50	<250	D1. <1,000
D2. （VUカテゴリーの場合のみに適用）限定された占有面積または地点数で，ごく短期間に対象種を CR または EN に移行させる将来の脅威がある。	—	—	D2. 一般的には：占有面積<20 km^2 あるいは地点数≦5

基準 E. 定量的解析

	CR	EN	VU
野生での絶滅確率が：	10年または3世代時間の長い方の間に≧50%（最長100年間）	20年または5世代時間の長い方の間に≧20%（最長100年間）	100年間に≧10%

らかに①可逆的で，②分かっていて，かつ③終わっている場合（①〜③をすべてを満たす場合）で，減少率が90％，70％，50％以上のときそれぞれCR，EN，VUと判定する。A2〜A4は個体群の状況がA1のもの以外の場合（①〜③のどれか1つでも満たさない場合）で，A2は過去，A3は将来，A4は現在を含む過去から将来の期間の減少率をそれぞれ見る（A3とA4では最長で100年）。A2〜A4での判定の閾値はどれも同じ値をとる（CR，EN，VUに対し各々80％，50％，30％以上）。A1は個体群が置かれた状況が改善されている場合であるため，A2〜A4に比べ高めの減少率の閾値を許している。多くの場合，野生生物の個体数を正確に推定することは困難なため，基準Aでは，個体数の相対変化を表す豊度指数やハビタットの消失割合などの個体群指標を用いた判定も認めている(表1，基準Aの(a)〜(e))。ただし，そのような指標を用いる場合は，それが個体数の変動を反映しているか慎重に検討する必要がある。また基準Aを適用する際には，個体数減少のトレンドがどのようなパターンになっているかを注意深く分析することも欠かせない（Mace *et al.* 2008，IUCN 2014）。例えば，個体数の減少速度がある時点から加速しているような場合，過去の減少率を見る限りではそれは30％であっても（VU判定），現在を挟んだ将来の減少率では50％となること（CR判定）があり得るからである。

(2) 基準B

基準Bによる判定では地理的な分布域の断片化や縮小の程度を用いる。ここでは消滅しつつあるハビタットの小さな断片に分布が限定されてしまったような種の絶滅リスクを考えている。出現範囲（EOO）[18]と占有面積（AOO）[19]についての副基準（B1及びB2）が設けられており，判定ではまずどちらかの値が定められた面積より小さいかどうかを見る。例えば，出現範囲が5,000 km^{2}未満ならばEN，占有面積が10 km^{2}未満ならばCRとなる。

---

[18]：出現範囲（Extent of Occurrence，EOO）は「ある分類群の現在の出現が知られた，推測された，あるいは予測されたすべての地点を取り囲むように描いた最短で連続する境界線内に含まれる面積」と定義されている。詳しい説明はIUCN（2012, 2014）を参照。

[19]：占有面積（Area of Occupancy，AOO）は「出現範囲（EOO）内で，ある分類群が占有する領域面積」と定義されている。EOOは現状において分類群の出現が見られない領域も含むが，AOOは分類群の占有がみとめられた地点とその周辺領域の合計のみを考えている。そのため，同じ分類群に対してはAOO ≦ EOOとなる。詳しくはIUCN（2012, 2014）を参照。

EOOとAOOの定義（脚注参照）から，AOO≦EOOのため，同じカテゴリー内では判定の閾値はAOO（B2）の方がEOO（B1）より小さく設定されている。分布域と絶滅リスクを関係づける確固たる理論的な枠組みがないため，閾値は専門家が様々な種に関するデータを使い試行錯誤的な分析を行って経験的に決めている（Mace *et al.* 2008）。個体数が極めて少ない場合を除いて，分布が限定されているだけでは絶滅リスクが高いとは必ずしも言えない。例えば3.3.で述べたように，限定された分布にもかかわらず多くの島嶼個体群は長期間存続している。そこで基準Bではさらに，B1あるいはB2に適合すると同時に，分布の分断化の程度や分集団[20]の数，出現・占有面積などの減少の継続性と変動の大きさに関する3つの条件（表1，基準Bの(a)〜(c)）のうち，少なくとも2つを満たすことを判定の要件としている。これらの条件が絶滅リスクを高めることは様々な経験的・理論的研究，特にメタ個体群やソース・シンク個体群（3.1.及び3.2.）に関する研究により示唆されている。基準Bによって，個体数に関する基準では絶滅危惧と判定できなかった種がリスト掲載に適合する場合もあるが，逆に分布が広範なため，個体数が少なくても絶滅危惧と判定できない場合もあり得る。このようなケースがあり得ることも考慮して，基準Bの適用は他の基準による判定結果を見ながら慎重に行う必要があるだろう。

(3) 基準C

基準Cは，減少している個体群と小さな個体群の両パラダイムに基づき，個体数が少ないこと，さらにそれが減り続けているかを考慮する。まず成熟個体数が定められた値を下回っているかをチェックする（CR, EN, VUに対して250，2,500，10,000個体未満）。ここでも基準Aと同様に成熟個体数を見ることに注意してほしい。個体数の閾値がVUからCRへ急激な割合で少なくなるのは，環境の揺らぎや人口学的揺らぎ（2.1.）がある下での個体数と絶滅までの待ち時間の関係を考慮しているためである（Mace *et al.* 2008）。閾値とする個体数は最小存続個体数（MVP; 3.3.）の理論値から設定されている（Mace *et al.* 2008）。成熟個体数の判定に適合した場合は，次に個体数減少に関する2つの副基準（C1とC2）のどちらか一方に当てはまれば絶滅危惧として掲載する。C1は減り続けている個体群の減少の速さを見る

---

[20]：ハビタットの分断化・断片化によって細かく分割されてしまった小さな個体群。

もので，例えば，5年あるいは2世代時間の長い期間において20%減少の場合はENとなる。C2は個体数が減り続けていることに加え，各分集団にいる成熟個体数は少ないか，ほとんどの成熟個体が1つの分集団に集中してしまっているか，あるいは成熟個体数が大きく変動しているかを考慮する。例えば，減り続けている個体群の分集団における成熟個体数が50個体以下，あるいは成熟個体の9割以上が1つの分集団に集中しているときはCRと判定する。

(4) 基準 D

基準Dでは，小さな個体群パラダイムの視点で，個体数の減少によって個体群サイズが非常に小さくなってしまった場合を考慮する。この場合は個体数が必ずしも減少し続けていなくてもよい。基準Dでも基準A及びCと同様に成熟個体数に注目する。判定の閾値も基準Cと同じくMVPの概念に基づき決められている。ここでは人口学的揺らぎと対象種の生態学的特性を考慮し，有効集団サイズからCR, EN, VUに対する閾値をそれぞれ50, 250, 1,000個体未満としている（Mace et al. 2008）。ただし，VUの場合のみ副基準（D2）を設けている。D2では，個体数ではなく，占有面積あるいは地点数[21]の観点から分布が極めて限定されているかを見て判定する。D2は予防原則的な配慮から，成熟個体数が1,000個体（VUの閾値，D1基準）以上であっても分布域が非常に限られている場合に対して設けられたものだが，誤用が多いことが指摘されており，適用する際には何らかの脅威があり近い将来にCRまたはENに適合する可能性があるとの条件を満たすかどうか慎重に見極めることが求められている（Mace et al. 2008, IUCN 2014）。

(5) 基準 E

基準Eによる判定では，与えられたある期間における絶滅確率を閾値として用いる。例えば，20年あるいは5世代時間のどちらか長い期間における絶滅確率が20%ならばENとなる。この基準の閾値は，判定基準の原案となったMace and Lande（1991）の絶滅リスクの定義とほぼ同じである。絶滅確率は何らかの定量的解析によって推定するが，一般には個体群存続可能性分析（PVA; 4.）を利用するケースが多い（Mace et al. 2008, IUCN 2014）。

---

[21]：IUCN（2012, 2014）では，地点（location）を「ただ1回の絶滅の脅威が現存の分類群（taxon）のすべての個体に即座に影響してしまうような，地理的あるいは生態学的に性質の異なった地域」と定義している。

4.で解説したように，PVAではどのような個体群動態モデルを仮定したか，どのようなデータを使用したかなどを明確にすることが非常に大切である。そのためPVAの結果を基準Eに適用する場合は，モデルやデータに関する詳細を記載した文書を添えることが義務付けられている（IUCN 2014）。PVA以外では次のような方法が考えられる。対象種の個体群動態に関する情報はないが，ハビタットについての状況がよく分かっている場合はかなり正確に絶滅リスクを推測できる（Mace et al. 2008）。例えば，ハビタットへ強く依存して生息するある固有種を考えてみよう。そのハビタット全体が20年以内に宅地開発されてしまうことが決まっているとすると，10年後にはその種の存続に不可欠なハビタットが破壊されてしまう確率は少なくとも50％になると予測でき，この結果から基準EによってCRと判定できる。

　レッドリストカテゴリーと判定基準はIUCN（2012）*22に，用語の定義，減少率や占有面積などの推定方法，また各カテゴリー及び各基準を適用する際のガイドラインなどはIUCN（2014）に，基準の開発の経緯や背景となっている考え方などはMace et al.（2008）にそれぞれに詳しく説明されている。それらについてさらに詳細を知りたい読者は参照してほしい。

7. 水産資源をめぐる判定基準の問題

　本章を終えるにあたり，水産資源をめぐるレッドリストカテゴリー判定基準の問題について考えておきたい。この問題はCITES附属書掲載基準（第1章，表5）にも同様に存在していることに留意してほしい。冒頭で述べたミナミマグロがレッドリストに掲載される事態はなぜ起こったのだろうか？これは保全生態学と水産資源学の考え方の違いから生じたのであろうか？ミナミマグロの事例を少し詳しく見てみよう。IUCNレッドリストではミナミマグロは「Critically Endangered (CR) A2bd」と掲載されており，資源量指数及び漁獲水準（「bd」）を基に副基準「A2」（表1; 6.2.）によってCR（深刻な危機）と判定されたことが分かる。評価に使われた情報を見ると，確か

---

*22：レッドリストカテゴリー判定基準やその使用のためのガイドラインに関する文書は適宜更新される。本章の説明では原稿執筆時点における最新の文書を参考にしたが，判定基準などの詳細を知りたい読者はIUCNのウェブサイト（http://www.iucnredlist.org/）から最新版を入手してほしい。

に，推定親魚資源量は過去3世代時間（36年*23）の間に80％以上減少している（CCSBT 2009）。また，親魚資源の状況を見ても，レッドリスト評価で参照した2009年においては漁獲圧も高く，資源水準も極めて低い（第5章，図2）。しかし同時に，親魚資源量は3万〜5万トンと推定されており（CCSBT 2009），これは数十万尾の現存量に相当する。また，レッドリスト評価の参照年である2009年当時，ミナミマグロは毎年1万トンほどしか漁獲されておらず，資源動向は横這い状態が続いていた（CCSBT 2009）。過去に個体数が大幅に減少したとはいえ，数十万の親魚が現存すること，さらに漁獲がある状況でも個体群の動向が横ばいにあることを勘案するならば，ミナミマグロがごく近い将来に絶滅するとは常識的には考えにくく，この魚を減少率のみを用いた基準ACRと判定することは妥当とは思えない。この他にも同じ理由から大西洋クロマグロはENに，メバチマグロはVUに指定されている。この判定結果に対しては，マグロ類のレッドリスト掲載が公表された直後，現状の判定基準の枠組みでの解決策として，絶滅確率に基づく基準Eを明らかに満たさない，あるいは基準Eによる判定と他の基準による判定が矛盾する場合には基準Eの評価を優先するという提案（Matsuda et al. 1997, Matsuda et al. 1998）が専門家から出された。しかし，IUCN側もその主張の論理性を認めたものの，その提案は受け入れられなかった（矢原ら 1996，松田 2006，矢原 2006）。その後，基準Eによる絶滅危惧の再評価を行った論文が，専門家による審査を経て公表された場合には基準Aによる評価は取り下げるという運用規則も検討されたようだが（矢原ら 1996，矢原 2006），採用には至っていない（IUCN 2012, 2014）。

　減少率のみに基づく基準Aによって，極めて個体数が多い野生生物がレッドリストに掲載される問題はIUCN側も十分に認識している（Mace et al. 1992, Mace et al. 2008）。それにもかかわらず，絶滅確率に基づく基準Eを優先する案をIUCNが認めないことにはいくつかの理由がある。その1つは絶滅確率の推定に用いられる個体群存続可能性分析（PVA）に関するもので，4. で述べたようにPVAの推定精度をめぐっては数多くの議論があり，結果の信頼性が懐疑的なものなど使うべきではないという理由である。判定基準

---

*23：ミナミマグロの性成熟の開始は8歳以上と考えられており，IUCNの評価では世代時間を12年と推定して用いている。

開発の中心人物であるG.メイスも自身の論文の中で，基準Eについて"unfavorable quantitative analysis"（好ましくない定量分析）と副題をつけて解説しており，その適用には大変否定的な見方をしている（Mace et al. 2008）。もう1つの理由として，激減し続けている野生生物の保護では，PVAによって絶滅確率が推定できるほどのデータが集まるまで待ってはいられないという考え方がある（矢原 1996, 矢原 2006）。科学的根拠が乏しくても，そのような種に対してはとにかく緊急な保護措置をとるべきだという理由である。これらの理由を見ると，IUCNが絶滅危惧種の評価に対して非常に堅固な予防原則（不確実性が大きな状況ではより厳しい措置をとる）の立場をとっていることがよく分かる。つまり，マグロ類など現存の個体数が多い水産資源が絶滅危惧種に指定される原因は，水産資源学と保全生態学の考え方の違いにあるのではなく，IUCNで絶滅評価にかかわる専門家の過度な予防原則的な姿勢にあると言えよう。保全生態学と違い，水産資源学では資源の絶滅ということを直接には想定せず，乱獲を資源の有効利用の観点から捉え，漁業崩壊を回避することを目的としている（第5章）。ここには，そもそも海に魚が数十から数百尾しかいなくなってしまったら社会経済的に漁業が成り立たないから，そうなる前に（絶滅が問題になるずっと以前に）きちんと管理しようという考え方がある。この点では水産資源学と保全生態学の考え方は矛盾するものではないだろう。

　基準Aも含めてIUCNの判定基準自体は，個体群に関する情報が乏しく，本当に個体数が減ってしまった野生生物をレッドリストに掲載するためには極めて有用なものである。また，データの収集が不十分で不確実性が大きな状況ならば，評価においては予防原則に従うという姿勢も当然である。しかし，個体数の減少は認められたが，現存量は依然多く，個体群に関する情報も収集されている生物を本当の意味での絶滅危惧種と同等に扱い評価することは妥当ではない。なぜ，このような生物を絶滅確率（基準E）によって評価することは不適切なのだろうか。水産資源の場合，漁獲データの不確実性はしばしば指摘されることだが，データの不確実性は科学的すなわち客観的に評価できるのである（矢原ら 1996, 矢原 2006）。客観性を重視するIUCNの判定基準だからこそ，妥当性のある評価を行うことができるようにするべきではないだろうか。

　水産資源への基準Aの適用に関してIUCNの現状のガイドラインでは，

誤って絶滅危惧と評価された場合でも，管理が有効に機能することで個体数の減少が止まるならば，中長期的には絶滅危惧の要件を満たさなくなるため問題はないとの言及に留まっており（IUCN 2014），やはり，絶滅評価に現存量を考慮する指針は現時点でも示されてはいない。極めて堅固な予防原則の立場から現存量には目を向けず，IUCN がここまで個体数の減少のみに固執するなぜなのだろうか。推測できる理由の１つは，近年の生物多様性保全や生態系保護（**第６章**）からの視点である。つまり，漁業は継続できるとしても，個体数の大幅な減少そのものが直接的・間接的に生態系全体へ何らかの悪影響を与えているのではないか，だから厳しい保護措置が必要だという捉え方である。乱獲行為によって個体数が減少し続けており，資源水準も低くなってきている水産資源に対しては適切な保護管理措置が必要なことは言うまでもない。しかし，上述したように資源が減少して低水準であることとその種が本当に絶滅の危機に瀕しているかどうかは必ずしも同じではない（生態系全体に悪影響があるかどうかも）。この２つの状態は個別のケースごとに慎重に見極めて明確に区別する必要がある。

　他に考えられる理由として，地域漁業管理機関（RFMO）などが行っている資源管理に IUCN が不信感を抱いていることもあるのではないだろうか。確かに，実際の漁獲量が管理機関の科学委員会が勧告した漁獲量を大幅に超過し，管理が適切に実施されているか疑わしい場合もある。そして，レッドリストや CITES 附属書への掲載提案が，管理組織の襟を正すためのショック療法として結果的に機能したような事実もある。この点について正しい理解を得るためには，水産資源管理の専門家が，**第５章**や**第６章**で解説されているような考え方に基づき，引き続き適切な資源評価と漁獲管理に努めていくしかないだろう。同時に，それらが確実に実施されていることを保全生態学の分野へ情報発信していかなければならない。

　冒頭で述べたように水産資源も野生生物であることには変わりはない。しかし，その適切な管理と保全においては，妥当な絶滅リスク評価が与えられるべきである。すでに述べたが，水産資源学における乱獲行為の防止と資源の回復，持続可能な資源の利用の考え方は，本来，保全生態学の考え方と矛盾しないはずである。両分野の専門家が忍耐強く議論を続け，相互に理解を深めていくことで共通認識を持つことが問題解決の鍵である。

　レッドリストの問題はすでに様々なところで論じられてきた（矢原ら

1996,松田 2000,松田 2002,魚住 2003,松田 2006,矢原 2006)。詳しい基準見直しの経緯や専門家の間で行われた議論の内容などに興味がある読者はこれらの文献を参照していただきたい。

　本章では,保全生物学／保全生態学とはどのような科学か,レッドリストカテゴリー判定基準に関連する事項を中心にごく簡単に説明したが,この分野について詳しく学びたい読者は鷲谷・矢原 (1996),プリマック・小堀 (2008),Van Dyke (2010),Primack (2012) などを参照されたい。保全生態学の視点から水産資源管理について解説したものでは松田 (2012) の『海の保全生態学』が参考になるだろう。

　謝辞　本章の執筆に際し,国立環境研究所の石濱史子博士,水産総合研究センター西海区水産研究所の黒田啓行博士及び濱田華子氏,同センター国際水産資源研究所の宮本麻衣氏には原稿を読んでいただき誤りの指摘や有用なコメントを頂戴した。心より感謝を申し上げる。

引用文献

Akçakaya, H. R. 2002a. RAMAS Metapop: viability analysis for stage-structured metapopulations (version 4.0). Applied Biomathematics, Setauket, New York.

Akçakaya, H. R. 2002b. RAMAS GIS: linking landscape data with population viability analysis (version 4.0). Applied Biomathematics, Setauket, New York.

Akçakaya, H. R. & Ferson, S. 1990. RAMAS/space user manual: spatially structured population models for conservation biology. Applied Biomathematics, New York.

Baillie, J. E. M., Hilton-Taylor, C. & Stuart, S. N. (eds.). 2004. 2004 IUCN Red List of Threatened Species. A Global Species Assessment. IUCN, Gland, Switzerland and Cambridge.

Beissinger, S. R. 2002. Population viability analysis: past, present, future. *In*: S. R. Beissinger & D. R. McCullough (eds.), Population Viability Analysis, pp. 5-17. The University of Chicago Press, Chicago.

Beissinger, S. R. & Westphal, M. I. 1998. On the use of demographic models of population viability in endangered species management. *Journal of Wildlife Management* **62**: 821-841.

Berger, J. 1990. Persistence of different-sized populations: an empirical assessment of rapid extinctions in bighorn sheep. *Conservation Biology* **4**: 91-98.

Brook, B. W., Lim, L., Harden, R. & Frankham, R. 1997. Does population viability analysis software predict the behaviour of real populations? A retrospective study on the Lord Howe Island woodhen *Tricholimnas sylvestris* (Sclater). *Biological Conservation* **82**: 119-128.

Brook, B. W., Burgman, M. A. & Frankham, R. 2000a. Differences and congruencies between PVA packages: the importance of sex ratio for predictions of extinction risk. *Conservation Ecology* **4**: 6. [online: http://www.consecol.org/vol4/iss1/art6/index.html]

Brook, B. W., O'Grady, J. J., Chapman, A. P., Burgman, M. A., Akçakaya, H. R. & Frankham, R. 2000b. Predictive accuracy of population viability analysis in conservation biology. *Nature* **404**: 385-387.

Brook, B. W., Traill, L. W. & Bradshaw, C. J. A. 2006. Minimum viable population sizes and global extinction risk are unrelated. *Ecology Letters* **9**: 375-382.

Brook, B. W., Bradshaw, C. J. A., Traill, L. W. & Frankham, R. 2011. Minimum viable population size: not magic, but necessary. *Trends in Ecology & Evolution* **26**: 619-620.

Burgman, M. A., Ferson, S. & Akçakaya, H. R. 1992. Risk assessment in conservation biology, 314pp. Chapman & Hall, London.

Carson, R. 1962. Silent Spring, 368pp. Fawcett, Pub., Greenwich, Conn. 〔邦訳：レイチェル・カーソン（青木梁一 訳). 沈黙の春-生と死の妙薬-. 新潮文庫.〕

Caswell, H. 2000. Matrix population models: construction, analysis, and interpretation, 722pp. Sinauer Associates, Massachusetts.

Caughley, G. 1994. Directions in conservation biology. *Journal of Animal Ecology* **63**: 215-244.

Caughley, G. & Gunn, A. 1996. Conservation biology in theory and practice, 459pp. Blackwell Science, Oxford.

CCSBT. 2009. Report of the fourteenth meeting of the Scientific Committee, 5-11 September 2009 Busan, Republic of Korea. Comission for the Conservation of Southern Blufin Tuna (SSSBT). Canberra, Australia. http://www.ccsbt.org/docs/meeting_r.html

Coulson, T., Mace, G. M., Hudson, E., & Possingham, H. 2001. The use and abuse of population viability analysis. *Trends in Ecology & Evolution* **16**: 219-221.

DeAngelis, D. L. & Gross, L. J. (eds.). 1992. Individual-based models and approaches in ecology: populations, communities, and ecosystems, 525pp. Chapman & Hall, New York.

Dennis, B., Munholland, P. L. & Scott, J. M. 1991. Estimation of growth and extinction parameters for endangered species. *Ecological Monographs* **61**: 115-143.

Durner, G. M., Douglas, D. C., Nielson, R. M., Amstrup, S. C., McDonald, T. L., Mauritzen, I. M., Born, E. W., Wiig, Ø., DeWeaver, E., Serreze, M. C., Belikov, S. E., Holland, M. M., Maslanik, J., Aars, J., Bailey, D. A. & Derocher, A. E. 2009. Predicting 21st-century polar bear habitat distribution from global climate models. *Ecological Monographs* **79**: 25-58.

Ellner, S. P., Fieberg, J., Ludwig, D. & Wilcox, C. 2002. Precision of population viability analysis. *Conservation biology* **16**:258-261.
Ferson, S. 1990. RAMAS/stage user manual: generalized stage-based modeling for population dynamics. Applied Biomathematics, New York.
Ferson, S. & Akçakaya, H. R. 1990. RAMAS/age user manual: modeling fluctuations in age-structured populations. Applied Biomathematics, Setauket, New York.
Fieberg, J. & Ellner, S. P. 2000. When is it meaningful to estimate an extinction probability? *Ecology* **81**: 2040-2047.
Flather, C. H., Hayward, G. D., Beissinger, S. R. & Stephens, P. A. 2011a. Minimum viable populations: is there a 'magic number' for conservation practitioners? *Trends in Ecology & Evolution* **26**: 307-316.
Flather, C. H., Hayward, G. D., Beissinger, S. R. & Stephens, P. A. 2011b. A general target for MVPs: unsupported and unnecessary *Trends in Ecology & Evolution* **26**: 620-622.
Frankham, R. 1995. Effective population size/adult population size ratios in wildlife: a review. *Genetics Research* **66**: 95-107.
Frankham, R. 2005. Genetics and extinction. *Biological Conservation* **126**: 131-140.
Frankham, R. & Brook, B. W. 2004. The importance of time scale in conservation biology and ecology. *Annales Zoologici Fennici* **41**: 459-463.
Frankham, R., Bradshaw, C. J. A., & Brook, B. W. 2014. Genetics in conservation management: revised recommendations for the 50/500 rules, Red List criteria and population viability analyses. *Biological Conservation* **170**: 56-63.
Franklin, I. R. 1980. Evolutionary change in small populations. *In*: M. E. Soulé & Wilcox, B. A. (eds.), Conservation biology: an evolutionary-ecological perspectives, pp. 135-149. Sinauer Associates, Massachusetts.
Garnett, S. T. & Zander, K. K. 2011. Minimum viable population limitations ignore evolutionary history. *Trends in Ecology & Evolution* **26**:618-619.
Gilpin, M. E. & Soulé, M. E. 1986. Minimum viable populations: processes of species extinction. *In*: M. E. Soulé (ed.), Conservation biology: the science of scarcity and diversity, pp. 19-34. Sinauer Associates, Massachusetts.
Hakoyama, H., & Iwasa, Y. 2000. Extinction risk of a density-dependent population estimated from a time series of population size. *Journal of Theoretical Biology* **204**: 337-359.
Hanski, I. 1996. Metapopulation dynamics: from concepts and observations to predictive models. *In*: Hanski, I. & Gilpin, M. E. (eds.), Metapopulation biology: ecology, genetics, and evolution, pp. 69-91. Academic Press, San Diego.
Hanski, I. 1999. Metapopulation ecology. Oxford University Press, Oxford.
Hanski, I. & Kuussaari, M. 1995. Butterfly metapopulation dynamics. *In*: N. Cappuccino &Price, P. W. (eds.), Population dynamics: new approaches and synthesis, pp. 149-171. Academic Press, San Diego.
Hanski, I., Pakkala, T., Kuussaari, M. & Lei, G. 1995. Metapopulation persistence of an

endangered butterfly in a fragmented landscape. *Oikos* **72**: 21-28.

Hilborn, R. & Walters, C. J. 1992. Quantitative fisheries stock assessment: choice, dynamics and uncertainty, 570pp. Chapman & Hall, New York.

Horino, S. & Miura, S. 2000. Population viability analysis of a Japanese black bear population. *Population Ecology* **42**: 37-44.

Hunter, C. M., Caswell, H., Runge, M. C., Regehr, E. V., Amstrup, S. C. & Stirling, I. 2010. Climate change threatens polar bear populations: a stochastic demographic analysis. *Ecology* **91**: 2883-2897.

石濱史子. 2002. シミュレーションモデルによる絶滅リスク評価-カワラノギクを例に-. 種生物学会(編)保全と復元の生物学, pp. 109-126. 文一総合出版, 東京.

石井信夫・金子与止男. 2006. CITES 附属書掲載基準. 松田裕之・矢原徹一・石井信夫・金子与止男(編集), ワシントン条約附属書掲載基準と水産資源の持続可能な利用(増補改訂版), pp. 156-179. 社団法人 自然資源保全協会(非売品).

IUCN. 2012. IUCN red list categories and criteria: version 3.1. second edition. Gland, Switzerland and Cambridge.

IUCN. 2014. Guidelines for using the IUCN red list categories and criteria: version 11. Prepared by the Standards and Petitions Subcommittee. Downloaded from http://www.iucnredlist.org/documents/RedListGuidelines.pdf.

巌佐庸・箱山洋. 1997a. 保全生物学の数理モデル. 月刊 海洋 **29**: 309-314.

巌佐庸・箱山洋. 1997b. 個体数変動の確率性と絶滅のリスク評価. 遺伝 別冊 **9**: 106-114.

Jamieson, I. G. & Allendorf, F. W. 2012. How does the 50/500 rule apply to MVPs? *Trends in Ecology & Evolution* **27**: 578-584.

Lacy, R. C. 1993. VORTEX: a computer simulation model for population viability analysis. *Wildlife Research* **20**:45-65.

Lacy, R. C. 2000. Structure of the VORTEX simulation model for population viability analysis. *Ecological Bulletins* **48**: 191-203.

Lacy, R. C. & Pollak, J. P. 2014. Vortex: a stochastic simulation of the extinction process. Version 10.0. Chicago Zoological Society, Brookfield, Illinois.

Lande, R. &x Orzack, J. P. 1988. Extinction dynamics of age-structured populations in a fluctuating environment. *Proceedings of the National Academy of Science, USA* **85**: 7418-7421.

Levins, R. 1969. Some demographic and genetic consequences of environmental heterogeneity for biological. *Bulletin of the Entomological Society of America* **15**: 237-240.

Lindenmayer, D. B., Burgman, M. A., Akcakaya, H. R., Lacy, R. C. & Possingham, H. P. 1995. A review of the generic computer programs ALEX, RAMAS/space and VORTEX for modelling the viability of wildlife metapopulations. *Ecological Modelling* **82**: 161-174.

Lindenmayer, D. B., Lacy, R. C. & Pope, M. L. 2000. Testing a simulation model for population viability analysis. *Ecological Applications* **10**: 580-597.

Lindenmayer, D. B., Possingham, H. P., Lacy, R. C., McCarthy, M. A. & Pope, M. L. 2003.

How accurate are population models? Lessons from landscape-scale tests in a fragmented system. *Ecology Letters* **6**: 41-47.

Ludwig, D. 1996. Uncertainty and the assessment of extinction probabilities. *Ecological Applications* **6**: 1067-1076.

Ludwig, D. 1999. Is it meaningful to estimate a probability of extinction? *Ecology* **80**: 298-310.

Mace, G. M. & Lande, R. 1991. Assessing extinction threats: toward a reevaluation of IUCN threatened species categories. *Conservation Biology* **5**:148-157.

Mace, G. M., Collar, N. J., Cooke, J., Guston, K., Ginsberg, J., Leader-Williams, N., Maunder, M., & Milner-Gulland, E. J. 1992. The development of new criteria for listing species on the IUCN Red List. *Species* **19**: 16-22.

Mace, G. M., Collar, N. J., Gaston, K. J., Hilton-Taylor, C., Akçakaya, H. R., Leader-Williams, N., Milner-Gulland, E. J. & Stuart, S. N. 2008. Quantification of extinction risk: IUCN's system for classifying threatened species. *Conservation Biology* **22**: 1424-1442.

Margules, C. & Sarkar, S. B. 2007.Syatematic conservation planning, 278pp. Cambridge University Press, Cambridge.

松田裕之．2000．環境生態学序説，211pp．　共立出版．

松田裕之．2002．絶滅リスクの評価方法と考え方．種生物学会（編），保全と復元の生物学，pp. 39-57．文一総合出版，東京．

松田裕之．2006. 2001年IUCNレッドリストカテゴリー．松田裕之・矢原徹一・石井信夫・金子与止男（編集），ワシントン条約附属書掲載基準と水産資源の持続可能な利用（増補改訂版），pp. 126-138．社団法人 自然資源保全協会（非売品）．

松田裕之．2012．海の保全生態学，205pp．東京大学出版会，東京．

松田裕之・髙橋紀夫．1998．トド千島個体群の絶滅確率評価と漁業と混獲の影響評価．日本哺乳類学会1998年度大会講演要旨集，p. 60.

Matsuda, H., Yahara, T. & Uozumi, Y. 1997. Is tuna critically endangered?: extinction risk of a large and overexploited populations. *Ecological Research* **12**: 345-356.

Matsuda, H., Takenaka, Y., Yahara, T. & Uozumi, Y. 1998. Extinction risk assessment of declining wild populations: the case of the southern bluefin tuna. *Researches on Population Ecology* **40**: 271-278.

McKelvey, K., Noon, B. R., & Lamberson, R. H. 1993. Conservation planning for species occupying fragmented landscapes: the case of the northern spotted owl. *In*: Kareiva, P., Kingsolver, J. & Huey, R. B. (eds.), Biotic interactions and global change, pp. 424-450. Sinauer Associates, Massachusetts.

O'Grady, J. J., Reed, D. H., Brook, B. W. & Frankham, R. 2008. Extinction risk scales better to generations than to years. *Animal Conservation* **11**: 442-451.

プリマック，リチャードB.・小堀洋美．2008．保全生物学のすすめ 改訂版，400pp．文一総合出版，東京．

Primack, R. B. 2012. Primer of conservation biology, fifth edition, 363pp. Sinauer Associates, Massachusetts.

Pulliam, H. R. 1988. Sources, sinks, and population regulation. *American Naturalist* **132**: 652-661.

Ralls, K., Beissinger, S. R., & Cochrane, S. R. 2002. Guidelines for using population viability analysis in endangered-species management. *In*: Beissinger, S. R. & McCullough, D. R. (eds.), Population Viability Analysis, pp. 521-550. The University of Chicago Press.

Reed, J. M., Mills, L. S., Dunning, J. B., Menges, E. S., McKelvey, K. S., Frye, R., Beissinger, S. R., Anstett, M-C. & Miller, P. 2002. Emerging issues in population viability analysis. *Conservation Biology* **16**: 7-19.

Reed, D. H., O'Grady, J. J., Brook, B. W., Ballou, J. D. & Frankham, R. 2003. Estimates of minimum viable population sizes for vertebrates and factors influencing those estimates. *Biological Conservation* **113**: 23-34.

Shaffer, M. L. 1981. Minimum population sizes for species conservation. *Bioscience* **31**: 131-134.

Shaffer, M. L. & Samson, F. B. 1985. Population size and extinction: a note on determining critical population size. *American Naturalist* **125**: 144-152.

Shoemaker, K. T., Breisch, F. B. Jaycox, J. W. & Gibbs, J. P. 2013. Reexamining the minimum viable population concept for long-lived species. *Conservation Biology* **27**: 542-551.

嶋田正和. 1997. 生息地の細分化と個体群の絶滅 - 空間構造化モデルの活用 - . 遺伝 別冊 **9**: 132-141.

Stuart, S. N., Chanson, J. S., Cox, N. A.,x Young, N. A., Rodrigues, A. S. L.,Fischman, D. L. & Waller, R. W. 2004. Status and trends of amphibian declines and extinctions worldwide. *Science* **306**: 1783-1786.

Soulé, M. E. (ed.) 1986. Conservation biology: the science of scarcity and diversity, 584pp. Sinauer Associates, Massachusetts.

Temple, S. A. 1991. Conservation biology: new goals and new partners for managers of biological resources. In: D. J. Decker, M. Krasny, G. R. Goff, C. R. Smith & D. W. Gross (eds.), Challenges in the conserevation of biologicla resources: A practitioner's guide, pp. 45-54. Westvies Press, Bpilder, Colorado.

Traill, L. W., Bradshaw, C. J. A. & Brook, B. W. 2007. Minimum viable population size: A meta-analysis of 30 years of published estimates. *Biological Conservation* **139**: 159-166.

Traill, L. W., Brook, B. W., Frankham, R. R. & Bradshaw, C. J. A. 2010. Pragamtic population viability targets in a rapidly changing world. *Biological Conservation* **143**: 28-34.

魚住雄二. 2003. マグロは絶滅危惧種か（ベルソーブックス 015), 178pp. 成山堂, 東京.

Van Dyke, F. 2010. Conservation Biology: Foundations, concepts, applications, 2nd edition, 478pp. Springer Science and Business Media.

Walters, C. J. & Hilborn, R. 1976. Adaptive control of fishing systems. *Journal of the Fisheries Research Board of Canada* **33**: 145-159.

鷲谷いづみ・矢原徹一．1996．保全生態学入門：遺伝子から景観まで，272pp．文一総合出版，東京．

矢原徹一・松田裕之・魚住雄二．1996．マグロは絶滅危惧種か？－絶滅のリスク評価をめぐって．科学 **66**: 775-781．

矢原徹一．2006．マグロは絶滅危惧種か？－絶滅のリスク評価をめぐって松田裕之・矢原徹一・石井信夫・金子与止男（編集），ワシントン条約附属書掲載基準と水産資源の持続可能な利用（増補改訂版），pp. 138-149．社団法人 自然資源保全協会（非売品）．

たかはしのりお　国立研究開発法人 水産総合研究センター 国際水産資源研究所

第5章 水産資源管理の考え方

黒田 啓行

　この章と次章では水産資源管理の基本的な考え方について解説する。まず本章で，どのようなことを目標に資源管理が行われているかをMSY (Maximum Sustainable Yield：最大持続生産量) 理論を中心に紹介する。次に，これまでの管理の問題点を挙げ，それらを改善もしくは補完するために近年注目されている, 管理方式(本章)や生態系管理 (第6章), 海洋保護区 (第6章)など新しい管理手法や概念について紹介する。現場の学問としての水産資源学の歴史はまだ浅く，確立された理論や顕著な成功事例も未だ限られているが，試行錯誤を重ねながら，日々発展し続けていることを実感して欲しい。

1. 水産資源の特徴——"魚をとりながら増やす"

　まず初めに，水産資源管理の基本的な考え方について説明する。多くの書物でも紹介されているように (桜本1998, 松宮2000, 山川2012), 資源管理上で重要な水産資源の特徴を3つ挙げるとすれば，1つ目は水産資源は再生可能である点だ。使えば使った分だけ減る石油や石炭などの鉱物資源とは異なり，魚は，獲っても残った魚が成長し子供（卵）を産むことで，再び数を増やすことができる。生物が子供を産んで数を増やすことを水産学では「再生産」と呼ぶが，水産資源は再生産が可能であるため，人間がうまく管理さえすれば永久に利用し続けることができる。このことは銀行の預金に例えられ，元金には手を付けず毎年の利子分だけ使っていれば，利子だけで永久に暮らしていける理屈と同じである（預金は子供の代わりに利子を生み出してくれる）。水産資源の持続可能な利用が実現できるのはこの第1の要因からである。

　2つ目の特徴は，基本的に海を泳いでいる魚は誰のものでもなく，「無主物」であり，魚を獲った人の所有物になるという点である。無主物であるため，もし誰でも自由に漁業ができるのであれば（これをオープンアクセスという），資源を保護しても他人に獲られるだけなので，ひと儲けしようと思えば，誰よりも早く魚を獲ることが短期的には正しい答えとなる。しかしこの場合，

全員が同じことを考えると、漁業者間で過剰な競争が生じ、乱獲が進み、資源は崩壊し、最終的には漁業者全員が共倒れとなってしまう。このような現象は「共有地の悲劇」（Hardin 1968）として、水産に限らず野生動物管理の分野で広く知られている。なんらかの規制による資源管理が必要となる理由の1つである。

3つ目の特徴は、魚の資源管理には「不確実性」が伴うことである。これは魚の資源量や分布などが環境変動や漁業の影響などで大きく変化しやすいことと、それを人間が正しく把握できないことの両方の意味を含む。例えば、日本のマイワシでは数十年スケールの海洋環境の変化（これをレジームシフトという）により、年間の漁獲量が100倍以上の変動を示すことが知られている（渡邊2012）。また海の中は多くの生物が食う−食われるなどの相互作用の関係を通して、複雑な生態系を形成しているため、その動態も複雑だと思われるが、見えない海の中のことを完全に知ることは不可能に近く、資源や生態系に関する人間の知識には限界がある。これらの不確実性は管理を難しくする要因の1つである。

では、このように海の生態系が大きく変動するなかで、乱獲に陥るのを避けながら、魚が持つ再生産力を活かして水産資源を持続的に利用するにはどうすればいいのだろうか。この問いに答えることが、水産資源管理にかかわる研究者にとって最も重要でかつ困難な使命の1つである。これまで人間は経験的に、または理論的に様々な方法を模索してきた。これからいくつかの考え方と具体的な方策を紹介する。

2. MSYに基づく管理

2.1. MSYとは

そもそも理想的な資源管理とはどのようなものだろうか。漁業者、行政官、研究者など立場によって、あるいは個人によっても理想は違うかもしれないが、マグロ類の管理などでよく挙げられるのは次の3つである。

　漁獲量の最大化
　資源の安全（乱獲の回避）
　漁獲量の安定

2. MSY に基づく管理

　これらの条件を同時に満たす方策として古くから提唱されているのが MSY（Maximum Sustainable Yield: 最大持続生産量）に基づく管理で，漁獲量を持続的に最大化させることを目指す。基本となる理屈が単純明快であるため，これまで広く受け入れられている一方，後述（2.4.）のような批判も多々ある考え方である。

　先ほど預金の例を挙げたが，実際の魚とは1つ大きな違いがある。預金はほぼ無限に増やすことができるが，魚は餌不足などで増殖率は無限ではなく，生息密度には上限があることである。この上限を「環境収容量」，密度が増殖率に影響を与える（つまり高密度になるほど増殖率が低下する）ことを「密度効果」と呼ぶ。この増殖率に制約がある点が MSY を考えるうえで鍵となる。

　資源量を安定的に維持しながら漁獲を行うために，ある期間に魚が増えた分だけ魚を獲ることを繰り返すと仮定する。この場合の魚の増加量を持続生産量（"利息"）というが，これは魚の資源量（"元金"）と増殖率（"利率"）の積によって決まる。資源量が少ないときは増加量も少ないため（要するに"元金"が少ないので），人間の取り分は少ない。また少し奇妙に感じるかもしれないが，資源量が環境収容量に近い場合は，密度効果のため増殖率が小さくなるため，増加量は少ない。この考察から，資源量が少なくても多くても持続生産量は小さくなり，中程度の時に（つまり元金も利率もそこそこの時に），漁獲量を持続的に最大化できそうなことがわかる。このことをプロダクションモデルと呼ばれる簡単な数理モデル（シェーファーモデルまたはロジスティックモデルともいう）を使って説明する（平松 2006）。

　資源量が漁獲と成長・再生産により以下の微分方程式（時間あたりの資源量の変化を記述）に従い変化すると仮定する。

$$\frac{dB}{dt} = rB\left(1 - \frac{B}{K}\right) - Y$$

ここで，B は資源量，r は内的自然増加率（低密度時の増殖率），K は環境収容量，Y は（単位時間当たりの）漁獲量である。右辺の rB の部分が資源の最大の増加量を，$(1-B/K)$ の部分が密度効果（B が K に近いほど，この項は0に近くなる）を表している。ちなみに，このモデルに従うと資源量は，漁獲がなければ，図1-a のようなシグモイド型（S字状の曲線）の増加を示し，環境収容力 K で増加は頭打ちとなる。この関係式より，資源量が一定となる平衡状態 $dB/dt=0$ の時，漁獲量 Y は

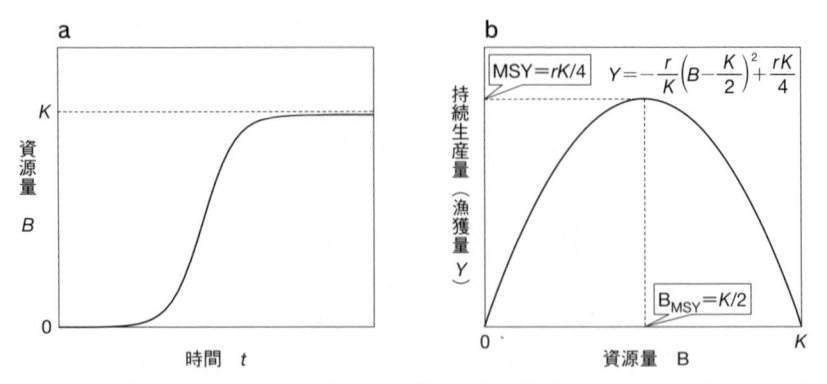

図1 プロダクションモデルにおける資源量の時間変化 (a)，および資源量と持続生産量 (b) との関係
資源量が飽和状態の半分の時にMSY（最大持続生産量）が達成される。

$$Y = rB\left(1 - \frac{B}{K}\right) = -\frac{r}{K}\left(B - \frac{K}{2}\right)^2 + \frac{rK}{4}$$

となり，$B=K/2$ の時，漁獲量は最大の $rK/4$ になることがわかる（図1-b）。つまり，資源量が環境収容量の半分の時に維持できる漁獲量は最大になる。この最大の漁獲量をMSY，このときの資源量を B_{MSY} と表す。また計算は省略するが，このときの漁獲の強さ（漁獲圧）を表す漁獲係数 F_{MSY} は $r/2$ となり，F_{MSY} で漁獲を続ければ，資源水準によらず資源量は B_{MSY} に，漁獲量はMSYに近づくことが知られている（平松 2006）。つまり，F_{MSY} が分かれば，その漁獲の強さで漁業を続けることで，MSYを達成することができるというわけである。

　以上は非常に単純な仮定のもとでの計算結果であり，資源量が環境収容量の半分の時にいつもMSYが達成されるわけではない。また実際の資源管理では，魚の年齢構成や再生産関係を明示的に取り込んだ詳細なモデルを使って，MSYが推定されることも多い。しかし，どのようなモデルや仮定を用いても，ある特定の資源量と漁獲圧を維持すれば，MSYが期待されるという基本的な結論は変わらない。

2.2. 資源評価の方法

　では，資源量や漁獲の強さとMSYの関係を把握するにはどうすればいい

だろうか。多くの資源管理機関では，専門家による「資源評価」という作業を経て，資源の現況が推定されている。資源評価とは，資源量や漁獲の強さなどを推定することで，漁獲が資源へ与える影響を定量的に評価し，資源が健全な状態にあるかどうかを判断することである。

資源量の変化を把握するためによく使われる方法は，大きく分けて 2 つあり，①科学的にデザインされた調査により，資源量を直接推定する方法と，②毎年の漁獲統計データ（漁獲量や漁獲努力量，漁獲物のサイズ組成など）から資源評価モデルを用いて推定する方法がある。前者の例としては，鯨類の目視調査（鯨が呼吸のため浮上する際に目視で確認できることを利用した調査）や，スケトウダラやナンキョクオキアミを対象とした魚群探知機による調査などがある。科学調査であるため，ある程度の信頼性が保証されているが，財政的な制約などにより，実施できる資源は限られている。一方，後者は現在多くの漁業資源で使われている方法である。特に MSY 等の推定を行いたい場合は，資源評価モデルを用いるのが一般的である。資源評価モデルとしては，先ほど紹介したプロダクションモデルの他に，漁獲物の年齢組成を考慮した VPA (Virtual Population Analysis) や，より複雑な統合型資源評価モデルなどの資源動態モデルが用いられる（詳細は黒田 2013 を参照）。特に，近年マグロ類の資源評価では，より多くの漁業・生物情報を包括的に扱うために，統合型資源評価モデルが使われることが多く，その解析手法は年々高度になっている。

一方，より簡便な資源評価として，資源量指数を用いた方法もよく使われる。資源量指数とは資源量の変化を相対的に示す指標のことであり，資源量が半分になれば，資源量指数も半分になると期待される指数である。科学調査により何らかの指数が得られることもあるが，多くの資源では漁獲量と漁獲努力量から計算される CPUE (Catch Per Unit Effort：単位努力量あたりの漁獲量) を資源量指数として用いている。しかし，CPUE は季節や場所によっても異なるため，資源量の真の年変化を抽出するには，それらの補正が必要である。この補正作業のことを標準化と呼び，実際の資源評価では様々な統計手法が使われている。

このように資源評価の手法は多岐にわたるが，科学的な方法に基づき，過去から現在までの資源状態の変化を把握しようというのが現代の水産資源管理の立場である。しかし，いくら高度な解析手法を用いても，評価結果には

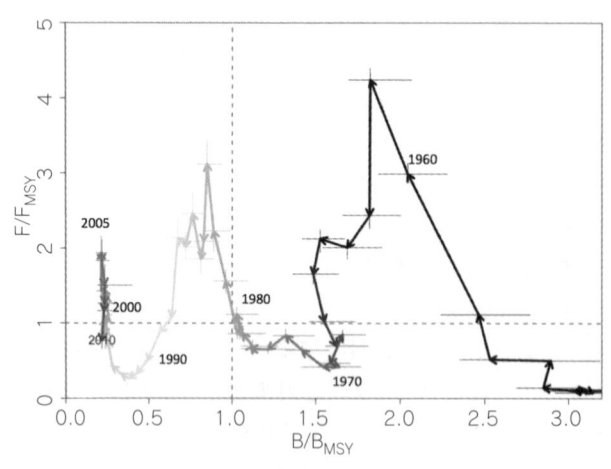

図2 ミナミマグロの資源量と漁獲死亡の歴史的変化
(CCSBT 2011を改変)
1952年(図右)から2010年(図左)までのMSYとの相対値の変遷が矢印によって示されている。各年の水平及び垂直の線は推定値の不確実性(25％点−75％点)を示す。

様々な不確実性が存在していることも同時に認識する必要がある。特に，漁業データを用いた解析では，モデルの仮定と実際の漁業に齟齬がある危険性があり，このような場合，モデルの推定結果はあまり信頼出来ないことになる。

2.3. 乱獲とは？

近年マグロ類などの資源管理では，現在の資源量水準 B_{cur}（産卵親魚量で表すことが多い）と漁獲水準 F_{cur} をそれぞれ B_{MSY} と F_{MSY} と比較することで，現在の資源状況が乱獲された状態（overfished; $B_{cur}<B_{MSY}$）にあるか，また現在の漁業が乱獲行為（overfishing; $F_{cur}>F_{MSY}$）にあたるかを判断している。ちなみに，両指標の過去の変化を1枚にまとめた図は，神戸で開かれた会合でその作成を推奨されたことから，「神戸プロット」と世界的に呼ばれている（図2）。図2のミナミマグロの事例からわかることは，「漁業が始まった1950年代頃は資源量も豊富で漁獲水準も低かった(右下の領域)が，漁獲の増加とともに，資源量は一方的に減少し続け，ついには乱獲状態と乱獲行為の条件が同時に満たされる危険な状況（左上の領域）に陥った。しかし，ようやく2000年代後半に漁獲圧が下がり，2010年に乱獲行為は解消した(左下の領域)が，依然乱獲状態は続いている。」というようなことである。

MSYには様々な問題が指摘されている（2.4.参照）が，マグロ類のように，現実の水産資源管理では B_{MSY} と F_{MSY} が乱獲か否かの基準となっている場

合が多い．つまり，理想的な最適状態（MSY）から少し外れるだけでも乱獲と見なされる可能性があるわけである．資源の有効利用を極限まで進めるという意味ではこのような乱獲の定義もありうるが，これでは漁業に対してあまりに厳しすぎるという理由で，アメリカやオーストラリアの国内資源では，B_{MSY} のある割合（アメリカの場合は半分）を乱獲の基準とし，それを下回った場合に漁獲を強く制限し，回復措置を取ることを定めている（Hilborn & Stokes 2010）．いずれにせよ，水産資源管理における乱獲という言葉が，資源の有効利用の観点から定義され，資源の絶滅とは直接関連付けられていない点は，ワシントン条約との関係を考えるうえで重要であろう．

ちなみに，資源が乱獲から容易に回復できない状態として，資源の崩壊（collapsed）という表現もよく使われる．これについても統一的な判定基準はないようであるが，資源量が初期資源量（漁業が始まる前の資源量水準）の10分の1を下回った場合を崩壊とみなしている例がある（Worm *et al.* 2009）．その他，海外では depleted や overexploited などの単語も使われることがあるが，言葉の使い方による誤解を避けるために，どのような意味合いで使われているか，その都度確認しておく必要がある．

2.4. MSY の問題点

概念がわかりやすく，かつ最適値が存在するという，合意形成しやすい結論を導くため，MSY もしくはこれに類似した概念は，現在でも多くの資源管理で管理目標として用いられている．実際，海の憲法ともいうべき国連海洋法条約においても，MSY の実現が資源管理の目標としてうたわれている．しかし，実際に MSY を実現できている漁業はほとんど見られず，また理論としても MSY は批判されることが多い．批判の理由は，ある意味資源管理自体の難しさを示しているとも言えるが，そのいくつかを紹介しよう（平松 2006）．

まず，MSY の推定がそもそも難しいという大きな問題がある．本当に資源評価モデルが仮定しているように，資源は変動しているのだろうか．先のプロダクションモデルでは，資源量と持続生産量には一定の関係（図1-b）があると仮定しているが，実際には年によって大きくばらつくのが普通である．さらに，レジームシフトのように関係性自体が中長期的に変化してしまうこともあり，この場合は最大値の推定だけでなく，結果の解釈すら難しく

なる。またMSYを精度よく推定するには，かなり広範囲の資源量の変化を経験する必要があるが，そういった長い歴史を持ち，かつ長期データが利用可能な漁業は少なく，さらに漁業データに大きな誤差やバイアス（偏り）があれば，推定精度は悪くなってしまう。

次に，生態系の複雑さがもたらす問題がある。ある漁業対象種のMSYが実現されても，種間関係を通して生態系の安定性に悪影響が及び，最悪の場合，いくつかの種が絶滅してしまうことが理論的に示されている（松田2012）。また，生態系モデル（第6章を参照）を用いて，生態系全体のMSYを求めようという試みも増えているが，それらの解析結果から，生態系の多様性や機能を維持するには，漁獲量の最大化を目指すF_{MSY}より低い水準での漁獲が望ましいという論調が最近強くなってきている（Worm *et al.* 2009）。

さらに，経済的な要因も重要である。そもそもMSYが経済的に最適になるとは限らない。漁獲量に比例して操業のコストが大きくなる場合，儲けを最大にするにはF_{MSY}より低いFで漁獲するのが好ましい（これを最大経済生産量MEYという；桜本1998）。一方，資源の内的自然増加率が経済的な「割引率」（将来の価値の目減り率）より低い場合は，さっさと獲り尽くして銀行にでも預けた方が儲けは多くなる。さらに，先に挙げた共有地の悲劇も経済的な要因と考えることができる。

以上の問題点を勘案すると，MSYの推定値には大きな不確実性があると考えられ，仮にそれに基づき管理を行ったとしても，長期的にMSYが達成される保証はない。また実施面からも，管理が不完全であれば，MSYを実現することは容易ではなく，乱獲を誘発する要因は多い。一方，上記の問題はMSYに限った問題ではなく，他の何らかの管理基準を適用した場合でも当てはまるものも含まれている。そのため，少なくとも名目上は対象漁業種のMSYの達成を管理目標としている資源は多く，その概念は生き続けていると言える。

3. 資源管理の新しい考え方

3.1. 予防原則と予防的措置

近年，資源管理における不確実性に関する認識は高まり，わからないことがあることを前提に管理について考えるようになってきた。では，不確実性

が大きいなかで,乱獲に陥るのを防ぎながら,漁業を続けるにはどうすればいいのだろうか。この点に関して,「予防原則(precautionary principle)」と「予防的措置(precautionary approach)」という2つの考え方を紹介する(魚住1999, 岸田2006)。

予防原則の考え方が最初に広く知られるようになったのは,1992年のブラジル・リオデジャネイロで開催された国連環境開発会議(いわゆる地球サミット)でのリオ宣言である。その中で「環境に深刻または不可逆的な打撃を与える場合,科学的に不確実だからという理由で,環境悪化を防ぐための費用対効果の高い対策を先延ばしにしてはならない」ということが国際的に合意された。生物保全の問題のように,科学的な証明を待って対策を始めては遅すぎる危険性があることへの警鐘である。絶滅が確認されてから,保全活動を始めても何の意味もない。一方,1. で説明したように,漁業資源の管理は資源の回復力を前提としているため,通常の漁業を環境に不可逆的な打撃を与えるものとみなすことには抵抗が大きい。そのため,予防原則を水産資源管理にそのまま適用することへの支持はそれほど高くないが,過去には予防原則に基づき北太平洋の公海流し網漁業が禁止されたこともあり,この点に関する議論は尽きない(魚住1999)。

いずれにせよ,不確実性への対応が必要なのは自明であり,この点については予防的措置という現実に即した考え方が近年広まっている。重要な先例として,1995年に国際連合食糧農業機関(FAO)から出された「責任ある漁業のための行動規範」があり,以下のような提言をしている(岸田2006)。

・国家は生物資源の保全管理,利用に対して広く予防的措置を適用しなくてはならない。
・予防的措置の実行には,資源量や再生産力に関する不確実性,資源状態,漁獲死亡の水準と分布,生態系への漁業の影響,環境さらに社会・経済の状態を考慮する必要がある。
・国や地域漁業管理機関は利用可能な最良の科学的根拠に基づき,目標管理基準と限界管理基準およびそれらを超えた場合に取るべき行動を決定する必要がある。

予防的措置は,資源の安全を見越して漁業を少々控えること,と解釈され

ることも多いが，このような狭義な解釈では，不確実性が少しでもある時は禁漁といった予防原則に近い拡大解釈にもつながりかねない。資源管理上の本来の意義を考えると，FAOの規範に見られるように，資源評価などの不確実性を考慮した管理基準を設定し，資源状態が悪化した場合に採るべき行動を事前に決めておくという包括的な手続きと捉えた方がよいだろう（Hilborn 2002）。

3.2. 順応的管理の考え方

予防的措置と密接に関連し，実際の管理に活かされつつあるのが順応的管理（adaptive management）の考え方である。順応的管理はWalters & Hilborn（1976）が制御工学のアイデアを元に資源管理に取り入れた概念で，人間の知識や将来予測に不確実性が存在することを前提に，常に生物の状態を観察（モニター）し，その変化に応じて管理を柔軟に調整しようという管理方策である（勝川 2006）。

この基本的な考えはエアコンの「フィードバック制御」に例えられ，現在の室温が設定温度より高ければ冷やし，低ければ暖めることで，設定温度を実現しようとすることに相当する。この場合に必要な情報は，設定温度と現在の室温だけであり，外気温や部屋にいる人の数といった情報は必要ない。資源管理も同様に，資源動態の細かいメカニズムが不明であっても，目標となる資源水準と現在の資源水準がわかれば，漁獲を制御することで資源状態をなんとか目標に近づけることができるというのが順応的管理の考え方である。

順応的管理についてもう1つ大事な点は，「順応的学習（adaptive learning）」の過程が重視されることである（勝川 2006）。これは「為すことによって学ぶこと（learning by doing）」とも言われ，管理によって得られた情報を活用し，さらによい管理を実現していく過程と捉えることができる。水産資源管理の場合，管理を実施しながら漁業指標等のモニタリングを行い，もし管理施策を立案した時の前提に誤りが見つかれば，随時見直すことに相当する。例えば，魚が10万匹いるという前提で，漁獲の制御ルールを作ったが，管理を実施する中でどうやらもっと魚が少ないことがわかってきた場合，新たに推定された個体数に基づき制御ルールを見直す必要がある。

このように，順応的管理は不確実性を前提に考案された管理方策であるが，

同時に不確実性を少しでも減らすことで，管理システムを改良していくことを目標とした科学的手順と見ることもできる。そのため，前提条件を明確にしたうえで管理ルールを事前に定め，管理実施後のモニタリングを通してそれらを常に検証していく過程が不可欠となる。行き当たりばったりに管理の仕方を変えることは，順応的管理ではない。

4. 新しい管理方策の開発と利用

これ以降は，近年注目されている管理方策や新しい管理の概念について解説する。この4にて，日本の漁業管理制度とミナミマグロの管理方式の開発について紹介した後，さらに，第6章にて，生態系管理と海洋保護区について言及する。

4.1. 日本のTAC制度

順応的管理と予防的措置の概念がどのように実際の管理に取り入れられつつあるかを示すために，まず日本のTAC（漁獲可能量）制度とその元になるABC（生物学的許容漁獲量）算定ルールについて解説する（水産庁・水産総合研究センター 2013）。1996年の国連海洋条約の批准により，日本は200海里内の水産資源を排他的に利用できる権利とともに，最良の科学的データに基づきTACを設定することで，200海里内の資源の維持管理をする義務を背負った。そのため，1997年より主要魚種6種（マイワシ，マアジ，サバ類，スケトウダラ，サンマ，ズワイガニ）にTAC制度が導入された（翌年スルメイカにも導入され，現在7魚種が対象）。この制度では，研究者によりABCが勧告され，社会経済学的要因を加味したうえで，行政がTACを最終決定する。

ABCは図3のように資源量に応じて，漁獲の強さである漁獲係数Fを調整することで算定される。資源量が乱獲状態の基準であるB_{limit}を上回る場合は，限界基準値F_{limit}で漁獲を行うことを認めるが，B_{limit}を下回る場合は，Fを速やかに低下させ，資源の回復を促す。さらに，資源量がB_{ban}を下回る場合は禁漁となる。また予防的措置の観点から，F_{limit}を引き下げた目標基準値F_{target}を設定する。F_{target}は安全率を見込んでF_{limit}の80％ほどに設定されることが多い。

管理上重要な管理基準値であるB_{limit}は，それ未満では良好な加入が期待

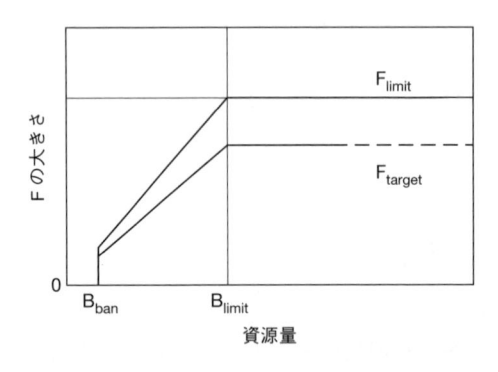

図3 日本のABC算定に使われている漁獲制御ルールの概念図（水産庁・水産総合研究センター 2013）資源量に応じて漁獲係数Fを制御する。

できない資源量，もしくは経年的変化からそれ以下に減少するのは望ましくない資源量と定義されている．実際の資源評価では再生産関係（親魚量と加入量の関係）から求められることが多いが，明瞭な再生産関係が推定されることは少ないため，設定されたB_{limit}の妥当性や不確実性はしばしば議論の対象となる．漁獲の強さF_{limit}は再生産関係から求められる基準値（F_{med}, F_{MSY}など）や経験的な基準値（$F_{\%SPR}$, F_{max}, $F_{0.1}$など）などが使われることが多い（詳しくは水産庁・水産総合研究センター 2013を参照）．資源評価の後，いくつかの将来の管理シナリオ（例えば，資源量の増加を目指す場合とか，資源量維持を目指す場合とか）を想定し，それぞれに対応した基準値Fと推定資源量からABCが計算される．この際，水産庁が定める中期的管理方針を勘案したシナリオがABC案として認められるため，資源の崩壊や絶滅を引き起こすようなABCが提示されることは通常ありえない．このような検討過程を経て，ABCの限界値ABC_{limit}と目標値ABC_{target}が算定され，さらに，社会経済学的な要因を加味して，最終的にTACが決定される．

　TAC制度の運用開始当初，生物学的根拠に基づくABCを大幅に上回るTACがしばしば設定され，資源利用の持続性の観点から問題視された．その後，TAC制度への理解が深まり，ABCの勧告が重視されるようになったため，現在ではABCを超えるTACが設定されることは少なくなった．その一方，ほとんどの場合，TACの基盤として採用されるのはABC_{target}ではなくABC_{limit}であるため，予防的措置の観点からは，不確実性への対応について改善の余地はあろう．しかし，B_{ban}の設定やB_{limit}を下回った場合の資源回復措置が事前に定められているため，資源の絶滅につながるような事態

は現実的には起きにくいと思われる。事実，TAC対象種の最新の資源評価結果によると，多くの資源の資源量は中位水準以上であり，長年低位水準にあり，かつ減少傾向が続いている資源はない（水産庁・水産総合研究センター 2013）。

4.2. 管理戦略評価とミナミマグロの管理方式

日本のABCルールはいくつかの課題を抱えながらも，今のところ大きな失敗もなく運用されているが，このような管理方策がいかなる状況下でも本当に機能するのか，すなわち不確実性にどの程度頑健なのか，を事前に確認するにはどうすればいいだろうか。この問いに対して，管理戦略評価（Management Strategy Evaluation: MSE）という手法への注目が集まっている。管理戦略評価とは，仮想的な資源動態モデルであるオペレーティングモデルを用いたシミュレーションにより管理方策の性能をコンピュータ上で評価することである(平松 2004)。オペレーティングモデルとは，資源の個体群動態，漁獲過程などを予め決めたパラメータ値のもとで計算したシミュレーションモデルのことである。自然界での真の値はわからないため，想定しうる様々な状況をコンピュータ上で再現することで，それらの不確実性に対して，資源を安全に管理し，より多くの漁獲を安定して得られるかどうかを事前に評価することができる。

ここでは，国際漁業資源の管理方策として先駆的な事例となったミナミマグロの管理方式について紹介する（CCSBT 2011, 黒田 2012, 黒田ら 2015, Hillary *et al.* in press）。図2からもわかるように，1990年代以降のミナミマグロの資源状態は芳しくなかったにもかかわらず，管理機関であるみなみまぐろ保存委員会（CCSBT）の加盟国間で資源状態の認識に大きな溝があり，TACに合意できない事態が長年続いていた。この対立には政治的な要因も絡んでいたが，資源評価の不確実性をTACの設定に反映させる仕組みが未整備であったことも大きく関係していた。そこで，CCSBTは2001年に管理戦略評価の手法による管理方式（Management Procedure: MP）の開発を科学委員会が中心となって開始した。管理方式とは，CPUEや加入量指数などから予め定められたアルゴリズム（手順）により，TACを直接決める漁獲制御ルールのことである（図4）。様々な状況下でのテストにより不確実性への頑健性を保証する以外に，データからTACが自動的に決まるため，

第5章 水産資源管理の考え方

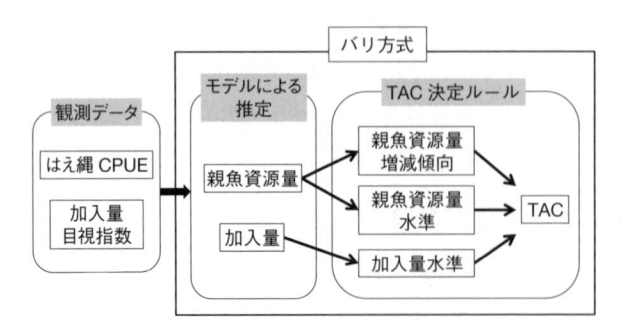

図4 管理方式"バリ方式"の概略図(黒田 2012を一部改変)
観測データから資源量や加入量を推定し，資源量の増減傾向や水準などの指標からTACを算定する。

TAC決定に関する客観性と透明性を確保できるという利点もある。

　開発手順は，まずミナミマグロの個体群動態や漁業，管理実施に関する不確実性を含む数百のシナリオからなるオペレーティングモデルを構築する（図5）。モデルのパラメータの値は過去のデータなどから推定される。次に，出来上がったオペレーティングモデルから提供される仮想データを管理方式に入力し，TACを算定させる。さらに，設定されたTACに基づき，オペレーティングモデル内で漁獲を行い，翌年の資源状態を計算する。このサイクルを繰り返すことで，定められた期間の資源状態の変化を計算することができる。その後，平均漁獲量や資源減少のリスク，管理目標の達成確率などを定量化することで，管理方式の性能を評価し，最も適切なものを選択する。

　実際の開発過程では，2.1. で述べたような管理の理想をすべて満たす管理方式は存在せず，漁獲量の多さと資源量減少のリスク，または漁獲量の安定性と資源量減少のリスクといった指標間にトレードオフ（相反関係）が見られた。そのため，これらの案配を関係者の総意により決める必要があり，慎重な議論が行われた。また，ミナミマグロの場合，管理方式の開発に加えて，資源回復目標を同時に設定する必要もあったが，これもシミュレーション結果に基づき，達成年，達成確率，回復レベルなどが定められた。こうして2011年にインドネシア・バリ島で開催されたCCSBT年次会合にて，管理方式"バリ方式"が完成し，「漁業開始前の初期親魚資源量の20%の水準まで2035年に70%の確率で親魚資源量を回復させる」という管理目標にも合意した。合意直後から管理方式の運用が始まり，それ以降の2度のTAC設定では管理方式が算定した値が実際に使われ，資源と漁業の再建に向けて，今のところ順調に運用されている。

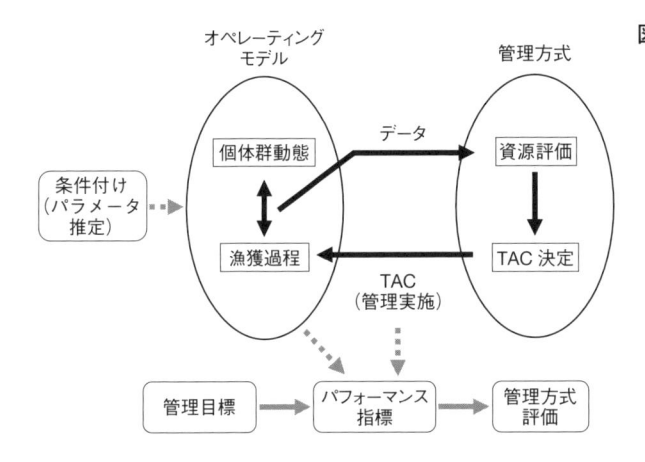

図5 オペレーティングモデルを利用した管理方式の開発の概念図（黒田 2012）

　順応的管理の観点から CCSBT の管理方式を見てみると，バリ方式は TAC 決定のアルゴリズムとしてフィードバックの機構を持ち，また観測データの更新・追加により，資源量等の推定精度が上がるような順応的学習型のルールになっている。さらに，管理方式に加えて"メタルール"と呼ばれる想定外の出来事への対応策も事前に定められ，定期的な資源のレビューによりオペレーティングモデルの妥当性などに疑いが生じた場合は，適宜見直すことになっている。また，予防的措置の観点から見ると，徹底的なシミュレーションにより，資源状態が最悪の場合でも，ある程度妥当な管理ができる管理方式が採用された点や，管理目標の達成確率を 70% とやや高めに設定した点などは，予防的措置の概念が生かされている。このように，CCSBT の管理方式は，これからの資源管理の1つの形を示していると言えるだろう。

　実は CCSBT がお手本とし，順応的管理と予防的措置の概念を早い段階で取り入れた管理方策として，国際捕鯨委員会（IWC）で開発された改訂管理方式（RMP）がよく知られている（田中 2006）。しかし，捕鯨を巡る政治的な問題もあり，残念ながら改訂管理方式に基づく管理の実施には至っていない。このように，管理方式は資源再建を含めた資源管理に有効な手段であるが，オペレーティングモデルの開発や頑健性の確認に多くの時間と人的資源を要し，また管理目標などの管理の全体像についても，関係者間での事前合意が不可欠なため，まだ事例は非常に限られているのが現状である。

5. まとめ：資源管理はうまくいっているのか？

以上のように，現在では様々な考え方のもと，水産資源管理は改良し続けられている．そのため，これらの施策が高い水準で実施されるようになれば，海洋生物資源の有効利用はさらに進み，ワシントン条約が対象とするような絶滅の危機に遭遇する可能性はかなり低くなるだろう．

とは言え，現在はその道半ばであることも事実であろう．これまでの資源管理の成功・失敗の事例をきちんと精査し，その理由について考察を深めることは非常に重要なことである (Hilborn et al. 2003)．2000 年代以降，世界中の資源管理の実態を集めたデータベースが整備されるようになり，個別の資源だけでなく，世界規模の資源管理の現状を分析できるようになりつつある（これをメタ分析という）．それらの結果はしばしばマスコミを賑わすようになり，水産資源管理への注目度は高まっている．Fishing Down 現象（第6章）に代表される漁業の危機説もその例である．

広く論争を巻き起こした，他の事例として，カナダ・ダルハウジー大学のMyers 教授，Worm 博士らの一連の研究がある．Myers & Worm (2003) は，日本のマグロはえ縄漁業の CPUE の年変化から，マグロ類などの高次捕食者がこの 50 年間で 10 分の 1 に減少していると指摘し，生態系の健全性を守るためには禁漁措置が必要であると主張した．しかし，その後，CPUE の標準化手法など彼らの解析への批判が相次ぎ，ミナミマグロなどいくつかの資源を除けば，高次捕食者のほとんどが 10 分の 1 まで減少していると考える専門家は少ない（魚住 2003, Hampton et al. 2005）．

また Worm et al. (2006) は，漁業などの人間活動により海洋の多様性と生態系機能が急速に劣化しつつあり，2048 年には世界中のすべての漁業資源が崩壊するという衝撃的な結果を発表した．著者らの意図に反して 2048 年という数字がひとり歩きした面もあるようだが，漁業の危機を示す結果として，未だによく引用される論文である．

しかし，同じ著者らによるさらなる詳細な解析により，このような悲観的な未来は否定されている (Worm et al. 2009)．世界中の資源評価をまとめたメタ分析の結果によると，管理の成功も失敗も様々な個別事例はあるものの，総合的に見れば，資源量としては未だ乱獲状態にある資源が多い一方，漁獲の強さは徐々に下がりつつあり，乱獲行為が続いている資源は少なくなって

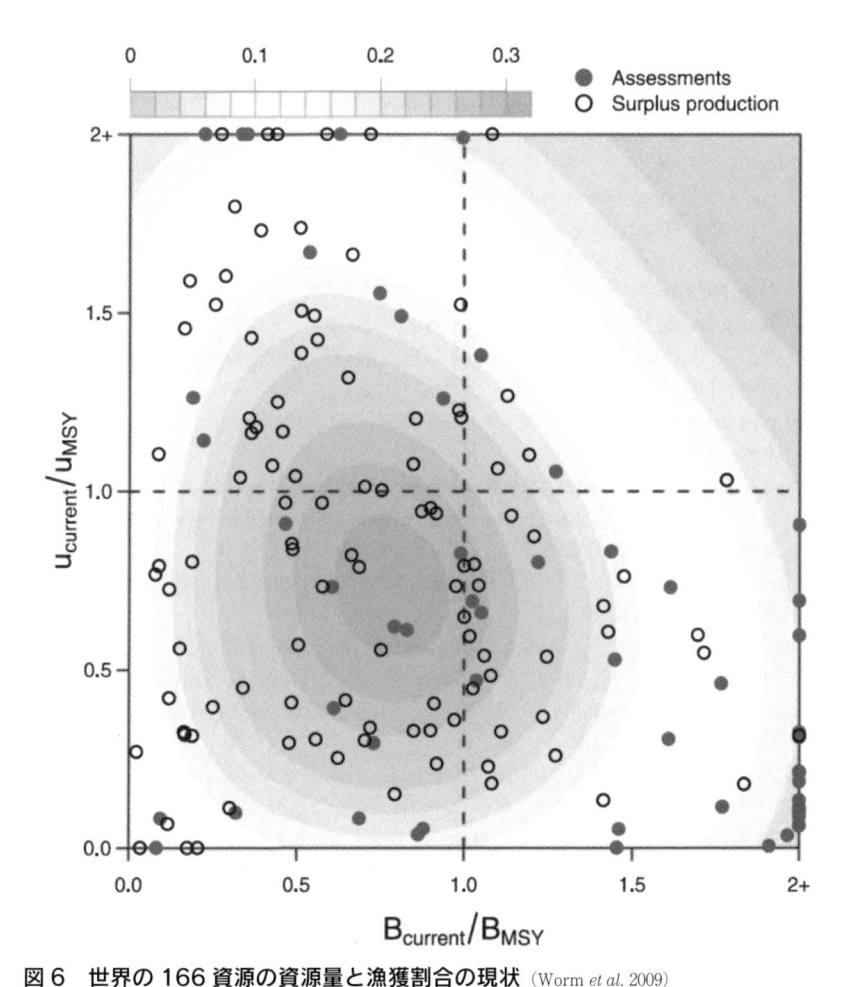

図6 世界の166資源の資源量と漁獲割合の現状 (Worm et al. 2009)
uは資源量に対する漁獲量の割合。等高線図の色が濃い領域ほど点が集まっている確率が高いことを示す。中心より少し左下の領域に点が多く，資源は乱獲状態だが，漁獲による乱獲行為は解消されつつあることを示唆している。

いる（図6）。つまり，過去には乱獲が進んだが，漁獲を抑えるなどの施策により資源の再建が進みつつあることを示している。もちろん個別事例を見れば未だ乱獲が進んでいる資源もあり，またデータベースに含まれる資源管理の事例が先進国に偏り，発展途上国の実情が反映されていないという問題などもあるが，全般的に見れば水産資源の管理は改善されつつあるというのが，多くの専門家の考えであろう。

参考文献

CCSBT. 2011. Report of the Extended Scientific Committee for the Sixteenth Meeting of the Scientific Committee. 19 - 28 July 2011. Bali, Indonesia.

Hampton, J., Sibert, J. R., Kleiber, P., Maunder, M. N. & Harley, S. J. 2005. Decline of Pacific tuna populations exaggerated? *Nature* **434**: E1-E2.

Hardin, G. 1968. The tragedy of the commons. *Science* **162**: 1243-1248.

平松一彦. 2004. オペレーティングモデルを用いたABC算定ルールの検討. 日本水産学会誌 **70**: 879-883.

平松一彦. 2006. MSYとその問題点. 松田裕之・矢原徹一・石井信夫・金子与止男（編）. ワシントン条約附属書掲載基準と水産資源の持続可能な利用（増補改訂版）, pp.44-48. 社団法人自然資源保全協会（非売品）.

Hilborn, R. 2002. The dark side of reference points. *Bulletin of Marine Science* **70**: 403-408.

Hilborn, R. Branch, T. A., Ernst, B., Magnusson, A., Minte-Vera, C. V., Scheuerell, M. D., & Valero, J. L. 2003. State of the world's fisheries. Annual Review of Environment & Resources, **28**: 359-399.

Hilborn, R. & Stokes, K. 2010. Defining overfished stocks: Have we lost the plot? *Fisheries* **35**: 113-120.

Hillary, R. M., Preece, A. L., Davies, C. R., Kurota, H., Sakai, O., Itoh, T., Parma, A. M., Butterworth, D. S., Ianelli, J. & Branch, T. A. in press. Scientific alternative to moratoria for rebuilding depleted international tuna stocks. *Fish and Fisheries*. DOI: 10.1111/faf.12121.

勝川俊雄. 2006. 順応的管理. 松田裕之・矢原徹一・石井信夫・金子与止男（編）. ワシントン条約附属書掲載基準と水産資源の持続可能な利用（増補改訂版）, pp.29-36. 社団法人自然資源保全協会（非売品）.

岸田達. 2006. 予防原則と予防的取り組み. 松田裕之・矢原徹一・石井信夫・金子与止男（編）. ワシントン条約附属書掲載基準と水産資源の持続可能な利用（増補改訂版）, pp.23-29. 社団法人自然資源保全協会（非売品）.

黒田啓行. 2012. 10年越しの悲願達成：ミナミマグロのTACを決める管理方式が完成しました. ななつの海から **2**: 3-7.

黒田啓行. 2013. 漁業資源の変動と資源評価について. 水産庁・水産総合研究センター編 平成24年度国際漁業資源の現況, p. 02-1-5.

黒田啓行・境磨・高橋紀夫・伊藤智幸. 2015. TACを算定する新しいアプローチ：ミナミマグロの管理方式の開発と運用. 水産海洋研究 **79**(4): 297-307.

松田裕之. 2012. 海の保全生態学, 205 pp. 東京大学出版会.

松宮義晴. 2000. 魚をとりながら増やす（ベルソーブック001）, 174 pp. 成山堂書店, 東京.

Myers, R.A. & Worm, B. 2003. Rapid worldwide depletion of predatory fish communities. *Nature* **423**: 280-283.

桜本和美. 1998. 漁業管理のABC：TAC制が良くわかる本, 200 pp. 成山堂書店, 東京.

水産庁・水産総合研究センター. 2013. 平成24年度我が国周辺水域の漁業資源評価, 1735 pp.
田中栄次. 2006. 鯨の改訂管理方式. 松田裕之・矢原徹一・石井信夫・金子与止男（編）, ワシントン条約附属書掲載基準と水産資源の持続可能な利用（増補改訂版）, pp. 60-66. 社団法人自然資源保全協会（非売品）.
魚住雄二. 1999. 予防的アプローチの水産資源管理への適用. 遠洋 **105**: 2-11.
魚住雄二. 2003. マグロは絶滅危惧種か（ベルソーブック 015）, 178 pp. 成山堂書店, 東京.
Walters, C. J. & Hilborn, R. 1976. Adaptive control of fishing systems. *Journal of the Fisheries Research Board of Canada* **33**: 145-159.
渡邊良朗. 2012. イワシ：意外と知らないほんとの姿, pp 111. 恒星社厚生閣, 東京.
Worm, B., Barbier, E. B., Beaumont, N., Duffy, J. E., Folke, C., Halpern, B. S., Jackson, J. B., Lotze, H. K., Micheli, F., Palumbi, S. R., Sala, E., Selkoe, K. A., Stachowicz, J. J. & Watson, R. 2006. Impacts of biodiversity loss on ocean ecosystem services. *Science* **314**: 787-790.
Worm, B., Hilborn, R., Baum, J. K., Branch, T. A., Collie, J. S., Costello, C., Fogarty, M. J., Fulton, E. A., Hutchings, J. A., Jennings, S., Jensen, O. P., Lotze, H. K., Mace, P. M., McClanahan, T. R., Minto, C., Palumbi, S. R., Parma, A. M., Ricard, D., Rosenberg, A. A., Watson, R. & Zeller, D. 2009. Rebuilding Global Fisheries. *Science* **325**: 578-585.
山川卓. 2012. 水産資源の管理：自然科学の視点から. 白山義久・桜井泰憲・古谷研・中原裕幸・松田裕之・加々美康彦（編）海洋保全生態学, pp 170-181. 講談社, 東京.

くろた ひろゆき　国立研究開発法人 水産総合研究センター 西海区水産研究所

第6章 生態系管理の考え方

米崎 史郎・牧野 光琢

1. 生態系管理

　2005年に発表された国連ミレニアム生態系評価 (The Millennium Ecosystem Assessment) の詳細報告書（第18章）では，現在の漁獲圧が既に持続可能な水準を大きく超えており，少なくとも重要な水産資源の4分の1が乱獲されていること，漁獲対象魚種の食物網における位置を示す漁獲物の栄養段階が1950年代以降低下していること（Fishing Down（漁業崩壊）現象；Pauly et al. 1998），よって，未開発資源を求めてしだいに深い水深で操業するようになっていること（漁場の垂直拡大）といった，一連の「漁業の危機」説が展開されている。

　この危機説の正否を巡る議論は絶えないが，危機をもたらした原因として，漁業の努力量管理（トン数，隻数規制など）や出口管理（漁獲可能量，漁獲個別割当など）といった単一種動態モデルに基づく伝統的な漁業管理手法の限界を挙げる議論があり，抜本的な解決策として，複数種一括や生態系を考慮した管理，海洋保護区の設置（2.）などへの関心が高まっている。また，漁獲対象種と一緒に漁獲される対象外の海洋生物（例えば，まぐろはえ縄漁業では海鳥類やウミガメ類，着底トロール漁業による冷水性サンゴ類など），いわゆる混獲生物や脆弱な生態系への漁業の影響が国際的に問題になっていることも生態系管理などへの関心を高めている背景の1つである。

　生態系管理の概念は，漁獲対象種だけではなく，かかわりのある他種（例えば，捕食 - 被食や寄生関係にある種など），または対象種を取り巻く生態系全体の適切な管理を目指す考え方である。しかし，「生態系を考慮する」とは，どのように考慮するのか具体性に欠けるため，管理施策の実施にまで至っていないのが現状であるが，どのような考え方に基づく管理なのかを知ることは今後の資源管理を考えるうえで有意義である。

1.1. 生態系とはどのようなシステムなのか

　まず「生態系」とは一体どういうものなのだろうか。ある地域に生息するすべての生物群は，それを取り巻く非生物的な環境と互いに影響を及ぼし合い，また生物群どうしも，捕食－被食関係の他，その生存や成長，繁殖のために，限られた資源を巡って競争というかかわり合いを持つことになる。このように生物群と環境，また生物群どうしが双方向に影響することで形成される動的なシステムを生態系と呼ぶ。実際，生態系は閉じたシステムではないため，（極端に言えば）生態系とは地球全体を指し示すことになるが，例えば，沖合域生態系やサンゴ礁生態系など，地理的区分または生物群集を単位として取り扱うことが多い。その場合でも，隣接する生態系の影響を常に意識することが重要である。

　では，この複雑な関係性をもつ生態系の構造や機能をどのように理解したらよいのだろうか。生態系の構造とは，その構成種とそれらの種間相互作用の程度を示し，機能とは生態系内の相互作用による物質の生産・分解・循環などのプロセスを指している。人間はこの構造に支えられた機能を通じて，水産資源を含む様々な生態系サービスを享受しているのである。

　生態系の様相を理解するために，捕食－被食関係に重点を置き，生態系を構成する生物群を階層構造として捉える考え方がある。すなわち，生物間相互作用を栄養段階別（一次生産者，一次消費者，二次消費者など）に記述し，各栄養段階の生物量（バイオマス）の動態を観察することで，その生態系を特徴付けるのである。代表的な例として，栄養段階の下位の生物と上位の生物群間で及ぼし合う影響力の強弱に注目する捉え方があり，下位の影響が強い場合をボトムアップ効果，上位の影響が強い場合をトップダウン効果と呼ぶ。海洋生態系においては，植物プランクトンによる基礎生産量や低次栄養段階の生物群が，その水域の生産量や高次生物の生態的特徴を決定付けるボトムアップ効果が一般的と考えられている（例えばYonezaki *et al.* 2008）。一方，海洋におけるトップダウン効果の例としては，シャチやラッコが餌のウニを通してさらにその餌であるケルプ（海藻）の現存量に間接効果を及ぼしていることを示したEstesら（1998）の研究が有名である。このように高次栄養段階の生物群の資源動態が下位の栄養段階の生物群に対して次々と波及することを「Trophic cascade（栄養カスケード）」現象と呼び，最近数々の報告

事例がある (Scheffer et al. 2005)。特に漁業による高次捕食者の減少がトップダウン効果を通じて生態系の構造や機能に及ぼす作用についての研究が精力的に行われている (例えば Murawski et al. 2007; Myers & Worm 2003)。

1.2. 生態系を考慮した資源管理とは何か

「生態系管理」とは，どのような概念なのだろうか。国連食糧農業機関 (FAO) が「漁業における生態系アプローチ (Ecosystem Approach to Fisheries: EAF)」という概念を提唱している (FAO 2003)。EAF とは，生態系を構成する生物・非生物・人類に関する知識と不確実性やそれらの相互作用を考慮したうえで，漁業活動を多様な社会の目的にバランスさせること，と定義されている。また，持続可能な漁業の発展のために，生態系全体をカバーすることが基本的な姿勢であり，漁業資源だけではなく，雇用や収入など漁業という産業を取り巻くものを包括的に捉え，次世代に受け継いでいくことを理念として掲げている。

さらに，EAF を実践するためのいくつかのポイントを列挙している：①管理目標は社会が選択する，②漁業のための管理と保全の意志決定は，科学的根拠を軸に社会経済的な要因も考慮して行い，さらに透明性，国民の意識，合意形成を担保する管理措置を導入する，③生態系を利用する水産セクター内はもちろん，それ以外のセクターと情報を共有し，共同で意志決定を行う，④合意された目標達成評価をモニタリングする体制を確立する，⑤管理措置を実行する際，社会・経済的観点（費用対効果，実行に伴うインセンティブなど）を考慮する，⑥生態系は変動・変化することを認識する，⑦予防的措置を適用する，などである。また EAF の最大の特徴は，既存の単一種漁業管理の中において，生態系への漁業の影響を認識させることにある。

一方，「生態系に基づく漁業管理 (Ecosystem-Based Fisheries Management: EBFM)」という概念も提案されている (Link 2010)。EBFM は，EAF のように生態系への配慮を単一魚種管理にフィードバックさせるのではなく，生態系にかかわるすべての要因を一括かつ包括的に捉えたうえで，漁業管理を目指す考え方である。従来型の単一種アプローチでは，海洋生物資源の管理で直面している問題に対して，解決策を見出せないとしている。EBFM は漁業による海洋生物資源への直接的な影響だけではなく，生態系の持つあらゆる側面において漁業の影響を意識するものである。そのため，漁獲対象種以

外の種をより明示的に取り扱い，海洋保護区（Marine Protected Area: MPAs, 2. 参照）などの漁業規制の導入を積極的に推し進める特徴がある。

1.3. 生態系管理ツールとなる海洋生態系モデル

次に，生態系全体を定性的および定量的に表現する生態系モデルについて概説する。生態系の構造や機能の理解，また生態系管理のツールとして，様々な生態系モデルが開発されている。海洋生態系モデルは，構成種が持つ様々な生物学的パラメータ（バイオマス，捕食，成長，再生産など）や環境要因を数値化し，捕食－被食関係や最適な生息域（ハビタット）などを通して，構成種をリンクさせた数理モデルである。生態系モデルは，捉える視点やスケールに応じて以下のように3つに分類することができる（Plagányi 2007; Travers *et al.* 2007）。

第一に，窒素などの栄養塩の物質循環を記述し，植物および動物プランクトンの動態を表現する物質循環モデル（N: 窒素, P: 植物プランクトン, Z: 動物プランクトン, D: デトライタス, NPZD 型モデル）がある。代表例として，NEMURO（North pacific Ecosystem Model for Understanding Regional Oceanography）モデルが挙げられる（Kishi *et al.* 2007）。物質循環を軸に，北太平洋の植物プランクトンで優占種の珪藻を盛り込むため，ケイ素の循環を加味したモデルである。亜寒帯海域における植物／動物プランクトンのバイオマスの季節変化などの再現が可能であるが，現在のところ漁業活動を明示的に表現できるモデルとはなっていない。

次に，ある生物群の資源動態に注目する部分抽出型モデル（Minimum Realistic Models: MRM）がある。単一魚種資源動態モデルである VPA（2.2. 参照）を拡張した MSVPA（Multi-Species VPA）が，MRM 型モデルの代表例である（Magnússon 1995）。VPA は年齢別漁獲尾数を用いて資源尾数を推定する方法であるが，MSVPA は，年齢別自然死亡から捕食死亡を分離した多魚種の資源動態モデルである。年齢別の食性情報が必要なため，膨大なデータが必要とされる。

最後に，生態系全体の構造と機能を網羅的に理解するための end-to-end 型モデルがある。Ecopath with Ecosim（EwE）は，生物量を単位とする代表的なマスバランス型海洋生態系モデルであり，生態系を考慮した漁業管理のためのモデリングツールとして開発された（Christensen & Walters 2004）。

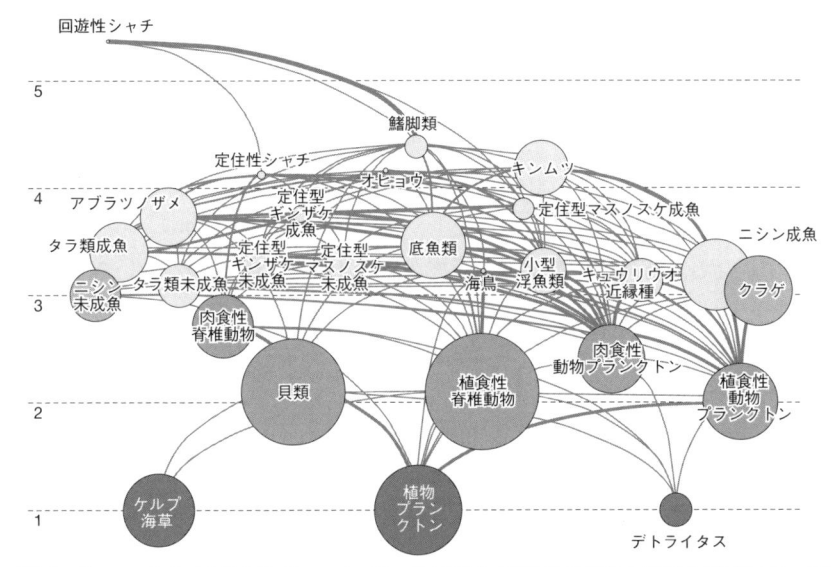

図1　Ecopathに付属するGeorgia Straitモデルの構成要素間の関係を表すフロー図
円の大きさはバイオマスを示す。

このモデルは，各構成種の食性情報が種間相互作用関係を決定付ける重要な要素となる。そのため，各構成種の栄養段階とバイオマスの関係が明示され，生態系の構造や機能を視覚的に捉えやすい特徴がある（米崎 2010, 米崎ら 2016; 図1）。

生態系モデルは，その目的に応じて，使用するモデルが違ってくる。すべてを網羅するモデルを構築することは困難なため，使用する目的を明確にしておくことが肝要である。生態系管理に即座に利用できる生態系モデルは今のところないが，生態系の状態を過去から将来にわたって俯瞰することが可能になってきている。また，生態系モデルを使って，環境や資源動態のパラメータを変化させ，その影響をシミュレーションする考え方も提案されている。

1.4. 生態系に対する影響評価指標

生態系モデルはその構造と機能を数理的に表現することはできても，その状態が果たして健全なのか，または劣悪なのかを判断することは不可能であり，さらに生態系保全に向けた然るべき目標を提示してくれるわけではない。

そのため，環境や人間活動による生態系への影響評価を目的とした様々な指標が提案されている。それら指標の時系列変化から生態系の状態を評価しようという試みである。

漁業の影響を端的に示すために，漁獲物の栄養段階を各魚種の漁獲量で重み付けした平均栄養段階（Mean Trophic Levels: MTL）を影響評価指標として用いている例がある。この指標により，漁業は栄養段階の高いものから順に漁獲するため，海洋生態系は低次栄養段階の生物ばかりになっているという Fishing Down 現象（Pauly et al. 1998）が論じられている。一方，解析する海域・時間スケールの違いや環境変動などによっても MTL は低下する可能性があるため，漁業による乱獲が主な原因とは限らないとの意見もある（Branch et al. 2010; Yonezaki et al. 2015）。

また，近年では，全球規模の沿岸域（各国の EEZ 内）を中心に，将来への持続的な利用度（食料供給，生物多様性，炭素貯蔵力，観光とレクレーション，沿岸漁業者の持続的な操業など 10 項目を平均スコア化）を海洋健全度指数（Ocean Health Index: OHI）として求め，その地域の海洋政策に対して優先すべき分野を提案する試みがある（Halpern et al. 2012）。その他の指標として，人間活動が自然に与える負荷を農作物，食肉，木材，水産物，住居建設およびエネルギー生産に要する面積によって指標化するエコロジカル・フットプリント（Ecological Footprint）などがある。この指標によれば，1980 年代に現在の地球の総負荷は全地球面積を超え，持続可能な臨界量を超えたとされている（Wackernagel & Rees 2004）。これらの指標により生態系への影響を定量的に捉えることができるようになったが，いずれの指標も生態系のある側面を単純化して表現しているにすぎないため，有用性とともに限界についても認識しておく必要がある。

2. 海洋保護区の考え方

2.1. 海洋保護区をめぐる国内外の議論

2005 年に発表された国連ミレニアム生態系評価では，地球上の生態系のうち海域・沿岸域が最も危機に瀕していると指摘された。このような危機意識の下，漁業による海洋生態系改変の防止や，マングローブ・さんご礁などの重要な生息域の保全のため，また，陸上起源の環境負荷を管理する手法と

して，さらには気候変動に起因するグローバルな生態リスクに対するヘッジ策の1つとして，海洋保護区（Marine Protected Areas: MPAs）に関する国際的議論が高まってきた（田中 2008）。また海洋保護区への関心が高まったもう1つの背景には，先に述べたように伝統的な漁業管理手法の限界に関する議論がある（1.参照）。こうした認識から，これまでにない新たな，そして抜本的な管理手法として，海洋保護区の設置が有効である，という考え方が出てきた。

　海洋保護区の適切な設置については，日本が既に署名したさまざまな国際宣言・文章で数値目標を含む具体的な行動が定められている。たとえば，2010年に日本で開催された生物多様性条約第10回締約国会議（CBD CoP10）の愛知目標では，2020年までに沿岸域及び海域の10％を適切に保全・管理することが決定された。また，日本国内における海洋保護区に関する公的文章として，まず2011年に策定された海洋生物多様性保全戦略では，その目標達成のための手段の1つとして海洋保護区を位置づけ，その管理の充実やネットワーク化を推進していくことが述べられている。また2012年に策定された生物多様性国家戦略2012-2020では，「第3部　生物多様性の保全及び持続可能な利用に関する行動計画」の「第1章　国土空間的施策／第9節　沿岸・海洋」において，海洋生物多様性の保全のための具体的施策の1つとして海洋保護区に触れ，「各種の法規制と漁業者の自主規制を基本として……知床世界自然遺産地域多利用型統合的海域管理計画の事例なども参考にし，漁業者をはじめとしたさまざまな利害関係者の合意形成を図ります」としている。さらに，水産庁の施策方針をまとめた水産基本計画（2012）にも「第2　水産に関し総合的かつ計画的に構ずべき施策」の「2　新たな資源管理体制化での水産資源管理の強化（5）多様な海洋生物の共存下での漁業の発展の確保」の個所で，「資源の保存管理の手法の一つとして必要な海洋保護区の設定の適切な推進などに取り組む」と述べられている。最後に，海洋基本法に基づいて策定された海洋基本計画（2013）の「第2部 海洋に関する施策に関し，政府が総合的かつ計画的に講ずべき施策」では，「海洋保護区を資源の保存管理の手法の一つとして，その設定や管理の充実を推進し，海洋の生態系及び生物多様性の保全と漁業の持続的な発展の両立を図る」と明記するとともに，「平成32年までに沿岸域及び海域の10％を適切に保全・管理する」という数値目標も設定されている。

2.2. 海洋保護区の定義と分類

　生物多様性条約第 7 回締約国会議（CBD CoP7）では「海洋・沿岸保護区（Marine and Coastal Protected Area）」を「海洋環境の内部またはそこに接する限定された区域であって，その上部水域及び関連する植物相，動物相，歴史的及び文化的特徴が，法律及び慣習を含む他の効果的な手段により保護され，海域または / 及び沿岸の生物多様性が周囲よりも高度に保護されている区域」と定義した（UNEP CBD 2007）。また IUCN（国際自然保護連合）は保護区を「生態系サービス及び文化的価値を含む自然の長期的な保全を達成するため，法律又は他の効果的な手段を通じて認識され，供用され及び管理される明確に定められた地理的空間」と定義している（Dudley 2008, 加々美 2010）。これらの国際的な定義も踏まえ，我が国の海洋生物多様性保全戦略では，海洋保護区を「海洋生態系の健全な構造と機能を支える生物多様性の保全及び生態系サービスの持続可能な利用を目的として，利用の形態を考慮し，法律またはその他の効果的な手法により管理される明確に特定された区域」と定義している。

　水産資源管理との関連で特に注意すべき点は，海洋保護区が，いわゆる禁漁区や立ち入り禁止海域とは異なる概念であるという点である。人間による利用を禁止・排除する海洋保護区は，様々な海洋保護区の 1 つのタイプにすぎない。これらは marine reserve, no-take zone, あるいは no-take marine protected area などと呼ばれることも多い。たとえば IUCN は，原則として科学的研究のみを許容し他のすべての利用を強く制限する「Ia 厳正自然保護区」から，人間による自然資源の持続的利用を許容する「VI 自然資源の持続的利用を伴う保護区」まで，7 種類の保護区を階層化して整理している。World Bank（2006）は「厳正海洋保護区」，「禁漁区」，「多目的利用海洋保護区」，「生物圏保護区」など，様々なタイプの海洋保護区を入れ子状に整理している。

　さらに，これらの各カテゴリーの間には，一義的な優劣がないという点にも注意が必要である。たとえば，人の手つかずの「原生自然（Wilderness）」を保護することこそが望ましいという考え方にたてば，IUCN カテゴリー Ia がそのツールとして最も適しているであろう。逆に，ラムサール条約やアジェンダ 21 で採用されている「Wise Use」という考え方に基づき，利用と保

全の両立によって貧困撲滅や食糧安全保障を実現することが望ましいという考え方にたてば，カテゴリーVIの方がすぐれている。何を目的に海洋保護区を設置するのか，その目的に応じて適した海洋保護区を適切に組み合わせることが重要である。

日本においても，海洋生態系の健全な構造と機能を支える生物多様性の保全及び生態系サービスの持続可能な利用を目的として，これまでさまざまな海洋保護区が設置されてきた（牧野 2010）。海洋生物多様性保全戦略の資料集で挙げられている具体例としては，①自然景観等の保護を目的とする自然公園，自然海浜保全地区，②自然環境又は生物の生息・生育場の保護を目的とする自然環境保全地域，鳥獣保護区，生息地等保護区，天然記念物の指定地，③水産動植物の保護培養を目的とする保護水面，沿岸水産資源開発区域やその他都道府県や漁業者団体等多様な主体による様々な指定区域，などがある。

2.3. 海洋保護区の効果の考え方

資源管理のための施策の選択肢の1つとして，海洋保護区を適切に推進していくためには，その効果を科学的に整理し評価することが求められる。その場合，以下に述べるように，総合的な効果の評価が重要である。

まず，環境の改善（アマモ場面積の増加やサンゴ被度の向上など）や，資源量の増加といった，海の中の生物学的な効果を評価することが重要である。これらの評価はフィールドでのモニタリングや資源動態モデル・生態系モデルなどを用いて行われる。しかし，多くの水産資源の場合，この効果を科学的に検証することは容易ではない。その理由としては，水生生物の多くは移動性が強いため，生活史のある一時期を海洋保護区で保護した効果を，他の海域における様々な漁業管理施策の効果から分離することが難しいことが挙げられる。また，仮に定着性が高い生物であっても，海洋保護区の効果が発現するまでには，ある程度の時間がかかる一方で，環境変動や加入変動などのバックグラウンドの年変動が大きいことなども指摘できるだろう。

よって，海洋保護区の執行体制（しくみ）を評価することも重要となる。これは，どのような手続で誰が設定しているのか，設置に関する計画や監視の体制が設立されているか，関係者が設置の主旨と内容をしっかり理解しているか，モニタリング体制があるか，といった取り組みの体制を客観的に評

価することを通じて，間接的に海洋保護区の効果を担保していこうという考え方である．その背景には，名目だけは海洋保護区となっているが，実質上なんの管理も行っていない海洋保護区が存在する（通称，Paper park と呼ぶ）という問題が，特に発展途上国等において数多く指摘されているという背景がある．海洋保護区の執行体制を評価する手法として，たとえばフィリピンで採用されている MEAT（Marine Protected Area Management Effectiveness Assessment Tool）などは特に評価が高い．

特に水産資源の保護・培養と持続可能な利用を目的とした海洋保護区では，その経済的な効果も重要な視点である．たとえば，海洋保護区の設置後，漁獲されるズワイガニの質（Makino 2008）やナマコの質（牧野ら 2011）が改善されたことが報告されている．また，産卵集群の保護を目的とした海洋保護区の設置により，水揚集中・単価下落を防ぐ効果（秋田・名波 2012）も期待できるであろう．これらの効果は，漁獲量・金額などの統計値を用いて検証することが可能である．

最後に，海洋保護区が社会にもたらす効果についても，正当な評価が必要である．たとえば，地域の漁業者と住民が連携して海洋保護区を設置することにより，相互理解が進んだり，環境意識が高まったり，地元水産物の消費が拡大するといった効果も期待できる．特に，地域の子供達の環境教育の場として，このような海洋保護区と地域漁業者が果たす役割は極めて大きい．また，知床世界自然遺産海域において漁業者が設置した海洋保護区では，北方四島周辺海域でロシア漁船が日本漁船よりも小型のスケトウダラを採捕しているという問題に対して，国際的な関心を喚起するという効果も期待されている．

2.4. 日本の海洋保護区の今後

地域の漁業者団体等が設置する海洋保護区は，生態系の保全と持続可能な利用の両立を目指したものであり，数のうえでも，面積のうえでも，現在の我が国の海洋保護区の中核をなしている（Yagi *et al.* 2010）．2013 年に改訂された現在の海洋基本計画においても「持続可能な利用を目的とした我が国の海洋保護区の在り方について，日本型海洋保護区として国内外への理解の浸透を図る」と述べられている．

いわゆる先進国と呼ばれる国々のうち，日本と韓国では水産物を主な動物

性たんぱく質摂取量に占める水産物の割合が比較的高く，4割弱である。食料安全保障上，水産物に強く依存する国家にとっての海洋保護区のあり方を国際的に提示し，欧米を中心とした既存の議論を相対化していくことは，日本が果たすべき国際的責務である。特に全国の沿岸各地で地元漁業者らが自主的に設置している海洋保護区は，地域の生態系サービス利用者と研究・行政が連携して，各海域の個別問題および個別目的に即した多様な保護区を柔軟に設置・執行している点が特徴である。このように地域関係者の主体的参画に基づく生態系保全は，今後のアジア太平洋諸国やアフリカ沿岸国などにおいて実効的な生態系保全を推進する際に，重要な知見となる。

近年，ワシントン条約や生物多様性条約（CBD）など，これまでのTAC管理や国際的な地域漁業管理機関（RFMOs）などでの漁業管理議論とは立ち位置の異なる枠組みにおいても，漁業と海洋生態系の関係が議論されるようになってきた。本章でも一部を紹介したように，水産資源管理の方法や考え方を巡っては様々な議論や意見がある。研究者の立場からすると，資源管理という科学的にも難しい現実の問題を扱う以上，「走りながら考えること」を求められる場面も多い。今後は，これまでの単一魚種の資源動態の研究を深めると同時に，生態系や生物多様性という保全生態学的な視点の発展的拡張，さらには社会・経済要因を含めた多角的な視点に基づく研究が必要となってくるだろう（清田 2010; 牧野 2013）。そして，その研究成果を政策立案・実行者，研究者，漁業者，消費者などがしっかり受け止められるような情報発信の在り方も考えていかなければならない。

参考文献

秋田雄一・名波敦. 2012. 沖縄県八重山海域におけるナミハタの産卵場保護区. 沿岸域における漁船漁業ビジネスモデル研究会ニュースレター **6**: 2-3.

Branch, T. A., Watson, R., Fulton, E. A., Jenning, S., McGilliard, C. R., Pablico, G. T., Richard, D. & Tracey, S. R. 2010. The trophic fingerprint of marine fisheries. *Nature* **468**: 431-435.

Christensen, V. & Walters, C. J. 2004. Ecopath with Ecosim: methods, capabilities & limitations. *Ecological Modelling* **172**: 109-139.

Dudley, N. 2008. Guidelines for applying protected area management categories. IUCN. http://data.iucn.org/dbtw-wpd/edocs/PAPS-016.pdf.

Estes, J. A., Tinker, M. T., Williams, T. M. & Doak, D. F. 1998. Killer whale predation on sea otters linking oceanic & nearshore ecosystems. *Science* **282**: 473.

FAO. 2003. Fisheries Management - 2. The Ecosystem Approach to Fisheries. FAO Technical Guidelines for Responsible Fisheries 4 Suppl. 2. 112 pp.

Halpern, B. S., Longo, C., Hardy, D., McLeod, K. L., Samhouri, J. F., Katona, S. K., Kleisner, K., Lester, S. E., O'Leary, J., Ranelletti, M., Rosenberg, A. A., Scarborough, C., Selig, E. R., Best, B. D., Brumbaugh, D. R., Chapin, F. S., Crowder, L. B., Daly, K. L., Doney, S. C., Elfes, C., Fogarty, M. J., Gaines, S. D., Jacobsen, K. I., Karrer, L. B., Leslie, H. M., Neeley, E., Pauly, D., Polasky, S., Ris, B., Martin, K. S., Stone, G. S., Sumaila, U. R. & Zeller, D. 2012. An index to assess the health & benefits of the global ocean. *Nature* **488**: 615-621.

加々美康彦. 2010. 生物多様性の保全と海洋保護区. 水産海洋研究 **74**(1): 60-61.

Kishi, M. J., Kashiwai, M., Ware, D. M., Megrey, B. A., Eslinger, D. L., Werner, F. E., Noguchi-Aita, M., Azumaya, T., Fujii, M., Hashimoto, S., Huang, D., Iizumi, H., Ishida, Y., Kang, S., Kantakov, G. A., Kim, H., Komatsu, K., Navrotsky, V. V., Smith, S. L., Tadokoro, K., Tsuda, A., Yamamura, O., Yamanaka, Y., Yokouchi, K., Yoshie, N., Zhang, J., Zuenko, Y. I., & Zvalinsky, V. I. 2007. NEMURO- a lower trophic level model for the North Pacific marine ecosystem. *Ecological* Modelling **202**: 12-25.

清田雅史. 2010. "持続可能"な漁業と海洋生態系のために - データの活用と多角的議論の重要性. 科学, **80**: 227-229.

Link, J.S. 2010. Ecosystem-based fisheries management – Confronting tradeoff. Cambridge University Press, 207 pp.

Magnússon, K. 1995. An overview of the multispecies VPA – theory & applications. *Review in Fish Biology & Fisheries*. **5**: 195-212.

Makino, M. 2008 Marine protected areas for the Snow Crab Bottom Fishery off Kyoto prefecture, Japan. Case Studies in Fisheries Self-governance (FAO Fisheries Technical Paper No. 504), pp. 211-220. FAO, Rome.

牧野光琢. 2010. 日本における海洋保護区と地域. 季刊・環境研究 **157**: 55-62.

牧野光琢・廣田将仁・町口裕. 2011. 管理ツール・ボックスを用いた沿岸漁業管理の考察―ナマコ漁業の場合. 黒潮の資源海洋研究 **12**: 25-39.

牧野光琢. 2013. 日本漁業の制度分析－漁業管理と生態系保全－, 256 pp. 恒星社厚生閣, 東京.

Murawski, S., Methot, R. & Tromble, G. 2007. Biodiversity loss in the Ocean: How bad is it? *Science* **316**: 1281.

Myers, R. A. & Worm, B. 2003. Rapid worldwide depletion of predatory fish communities. *Nature* **423**: 280-283.

Pauly, D., Christensen, V., Dalsgaard, J., Froese, R. & Torres Jr. F. 1998. Fishing down marine food webs. *Science* **279**: 860-863.

Plagányi, É.E. 2007. Models for an ecosystem approach to fisheries. (FAO Fisheries Technical Paper. No. 477). 108 pp. FAO, Rome.

Scheffer, M., Carpenter, S. & de Young, B. 2005. Cascading effects of overfishing marine

systems. *Trends in Ecology & Evolution* **20**: 579-581.
田中則夫. 2008. 海洋の生物多様性の保全と海洋保護区. ジュリスト **1365**: 26-35.
Travers, M., Shin, Y.-J., Jennings, S. & Cury, P. 2007. Towards end-to-end models for investigating the effects of climate & fishing in marine ecosystems. *Progress in Oceanography* **75**: 751–770.
UNEP Convention on Biological Diversity. 2007. COP7 Decision VII/5, note 11.
Wackernagel, M. & Rees, W. E. 2004. 和田喜彦（監訳）エコロジカル・フットプリント－地球環境持続のための実践プランニング・ツール－, 293 pp. 合同出版，東京.
World Bank. 2006. Scaling up marine management: the role of marine protected areas. World Bank.
Yagi, N., Takagi, A. P., Takada, Y. & Kuroda, H. 2010. Marine protected areas in Japan: Institutional background & management framework. *Marine Policy* **34**: 1300-1306.
米崎史郎. 2010. 海洋生態系を『視』る. 遠洋リサーチ＆トピックス **9**: 29-34.
Yonezaki, S., Kiyota, M. & Baba, N. 2008. Decadal changes in the diet of northern fur seal (*Callorhinus ursinus*) migrating off the Pacific coast of northeastern Japan. *Fisheries Oceanography* **17**: 231-238.
Yonezaki, S., Kiyota, M. & Okamura, H. 2015. Long-term ecosystem change in the western North Pacific inferred from commercial fisheries & top predator diet. Deep Sea Research II **113**: 91-101.
米崎史郎・清田雅史・成松庸二・服部努・伊藤正木. 2016. Ecopath アプローチによる三陸沖底魚群集を中心とした漁業生態系の構造把握. 水産海洋研究 **80**: 1-19.

よねざき しろう　国立研究開発法人 水産総合研究センター 国際水産資源研究所
まきの みつたく　国立研究開発法人 水産総合研究センター 中央水産研究所

第7章　環境保護団体とワシントン条約

松田　裕之

1. IUCN, WWF, TRAFFIC とワシントン条約

　捕鯨問題やワシントン条約対象種について考えるとき，内外の環境団体の圧力を無視することはできない。今後持続可能な利用を推進するうえで，彼らの論理，歴史，支持基盤を十分理解する必要がある。

　自然保護思想は原生自然を保存する保護主義（Protectionism）と自然資産を持続可能に利用する保全主義（Conservationism）があると言われる（ナッシュ 2004）。吉田（2007）はさらに損なわれた自然を復元する（Restorationism）を加え，保存，保全，復元の英語の頭文字からそれぞれを P, C, R 型と呼んだ。P, C, R 型はこの順に置き換わったというよりも，現代において共存している。国内法だが，自然再生推進法は名実ともに R 型である。国際条約にも P 型と C 型があると言える。それは条文で決まるというより，圧力団体や締約国の言動で決まる。

　国際捕鯨取締条約は，条文では持続的利用を謳っているが，実際には典型的な P 型と言えるだろう。ワシントン条約（CITES）も，附属書 I に掲載することで種の保存を図る。バラスト水管理条約，世界遺産条約，南極海洋生物資源保存条約（CCAMLR）も，保存が重視されているといえるだろう。

　それに対して，ラムサール条約，条約ではないがユネスコ「人間と生物圏」（MAB）計画は，典型的な C 型といえる。生物多様性条約（CBD）も条文に生物多様性の保全とその構成要素の持続可能な利用の両方を掲げている。CBD ではさらに先住民の権利，伝統知などが明示的に重視され，生物多様性だけでなく生態系サービスを利用する文化の多様性も重視されている。

　世界の主要な環境団体は，生物多様性保全と持続可能な利用をともに使命としている。たとえば世界自然保護基金（WWF）は，①世界の生物多様性を守る，②再生可能な自然資源の持続可能な利用が確実に行われるようにする，③環境汚染と浪費的な消費の削減を進めることを3つの使命に掲げている。すなわち，本来彼らは自然保護と持続可能な利用を対立的にとらえてい

るわけではない。

　他方，世界的な環境団体の多くは鯨類などの野生生物資源の持続可能な利用にかたくなに反対し続ける。規制しても自分たちに負の影響がない事柄に関しては，予防原則を過剰に用いることはよくある。その活動が寄付金集めの手段となることもある。国際捕鯨委員会（IWC）では科学委員会で商業捕鯨枠が認められながら，総会の場で否決され続けている。2000年前後まで，捕鯨問題に限れば，WWFもグリーンピースも，国際自然保護連合（IUCN）の1996年の判定結果を「鯨類はすべて絶滅危惧種か，準絶滅危惧種」というふうに紹介し，反捕鯨活動を展開していたが，今日ではクロマグロやウナギの乱獲問題に軸足を移している。たとえばグリーンピースジャパンは，2014年の彼らのウェブサイト（http://www.greenpeace.org/japan/ja/）の記事でクジラは5件しか検索されないが，原発は59件，ウナギは22件検索される（2014年7月31日現在）。

　絶滅危惧種の保護は環境団体にとって最も説得力ある自然保護の論拠の1つであり，生態系全体の合理的な保全を図る際にも，現実問題として，そこに絶滅危惧種がいるかどうかは政府などの政策を大きく左右する。したがって，IUCNのレッドデータブックとCITESの附属書への掲載，保護すべき地域にいる絶滅危惧種の保全は，彼らの重要な目標である[1]。

　IUCNとWWFは国際的に権威ある環境団体だが，たとえば米国のシェラクラブなど，各国にはより多くの会員を擁する環境団体がある。日本では日本自然保護協会（NACS-J），WWFジャパン，日本野鳥の会が主たる中央環境団体である。これらの組織には専従職員がおり，その中には科学者も含まれている。また，科学者による助言機関などを組織し，活動方針決定の際の参考としているようである。

　IUCNは国連や国際条約で定められた機関ではない。IUCNは各国政府（日本では国家と環境省が別個に加盟し，総会では国家会員として2票，政府機関会員として環境省が1票の合計3票を持っている）と環境団体（日本では上記3団体の他，10団体が加盟し，それぞれ総会で1票の投票権を持つ）

＊1：以下のサイトにCITESの附属書ⅠもしくはⅡに記載されている魚類とその発効年およびCoP15で附属書ⅠもしくはⅡへの記載が提案されていた海産動物とその提案国，FAO専門家パネルの見解，第1委員会の結果を示す（http://risk.kan.ynu.ac.jp/matsuda/2010/CITES.html）。

図1 2012年韓国済州島での世界自然保護会議（WCC）の電子投票の様子

が加盟するという独特の「非政府」組織（NGO）である。1996年から4年に1度の総会（世界自然保護会議，IUCN World Conservation Congress）があり，2000年アンマン総会では，絶滅危惧種判定基準の改定が認められたほか，愛知万博への反対決議があがるかどうかが焦点となり，愛知万博の会場計画が大幅に縮小変更された。

このように，IUCNは国際的に最も権威ある「環境団体」であり，CITESや国際連合食糧農業機関（FAO）の決定にも意見を述べている。その活動は，絶滅危惧種の判定，生態系保全，移入種対策，持続可能な利用，世界自然遺産の審査など多岐にわたっている。絶滅危惧種の判定と保全には種の保存委員会（SSC）が分類群や地域ごとに組織されていて，日本でも多くの研究者などが参画している。図1のような表決により，多くの決議文が採択されているが，国際条約のように締約国の修正動議が出ることはまれであり，留保権のようなものはない。その決議にどの程度実効性があるかは疑問だが，その決議の政治的効果を期待する多くの環境団体などがこの会議に参加する。この場で捕鯨反対など，一部の国の不利益となる決議が一方的に採択される可能性も否定できないだろう。

似たような状況は世界遺産条約にもある。2012年の世界遺産条約会議で，知床世界遺産のルシャ川に設置されたダムの撤去を求める決議案が提出された。当事者である日本政府は意見を述べる権利がなかったが，他国の提案で，現在までの日本の取り組みを評価する修正案が採択された。IUCNのサケ専門家グループは登録前からダムの撤去を求めている。松田を含む知床世界遺

産科学委員会は先に下流施設であるサケマス孵化場の撤去を提案した．これは 2012 年度に実現に向かった（知床世界自然遺産地域科学委員会河川工作物 AP，2012 年 1 月 27 日資料 4-3i）．下流に守るべき施設がすべてなくなればダムの撤去は可能である．我々の取り組みは時間がかかるが，防災と保全の両立を図っているつもりである．だが，世界の環境団体はこのような地元の時間がかかる取り組みを待ってはくれない．おそらく，自分たちが自然を守る正義の味方だと信じ切っていることだろう．しかし，ユネスコの本来の趣旨に従えば，「自然を守る地域の人材を育てる」ことを，自然保護自体よりも重視するはずである．

WWF は，その名の通り募金を集めてそれをさまざまな環境運動の担い手に提供する活動をするとともに，世界で貴重な生態系約 200 か所（Global 200）を選定して保全キャンペーンを行っている．これには日本の南西諸島やオホーツク海が含まれている．また，Living Planet Report という報告書を毎年刊行し，ウェブサイト上で公開している．これは世界の生物多様性の現状と人類による環境負荷（ecological footprint）の詳細な分析結果が掲載されている．

WWF は世界組織であり，捕鯨問題などは世界本部で協議して政策を決めている．原則として，日本事務所の方針もこれに沿うものであり，それと反対の見解を出すことはない．CITES に関係して TRAFFIC という団体があるが，これは IUCN と WWF が共同で組織している．

これらの環境団体は，先に述べたように自然保護とともに持続可能な利用を使命としており，専従や顧問の科学者を組織している．科学的見地を全く無視した見解を持つものではないだろう．けれども，各国政府の意見には，より極端な環境団体の見解，自然保護と持続可能な利用の両立を否定するような見解が反映されることがある．一部には，明らかに第 3 者の作文の受け売りを示唆する誤植の連鎖があった（松田ら 2004：コラム 4.2*2）．

2. 環境保護団体の行動力学

2004 年に改定された CITES の附属書掲載基準を巡っては，CITES 事務局の改定案は欧米諸国よりも日本の主張にずっと近いものだった（松田ら

---

* 2：http://www.cites.org/common/cop/12/ESF12i-10.PDF

2004：コラム 4.3）。IUCN や WWF の主張も，それに近いものといえる。それに対して欧米諸国などの意見は，むしろ保護主義者の意見に近いものだった。IUCN や WWF などが持続可能な利用に理解を示すのは，途上国などの加盟国の意見の反映と考えられる。

　WWF などの環境団体の財政は，企業や篤志家からの募金，会員からの会費などによって成り立っている。世界本部の意見には，会員数が多い WWF 米国の意見が反映されることもあるだろう。反捕鯨運動は欧米諸国で募金を集める際に訴えやすいだろう。同時に，日本国内では支持者を広げる妨げになっている可能性もある。しかし，もし，欧米諸国の WWF が反捕鯨運動を止めたとしても，欧米諸国で彼らの支持者や募金が減るとは限らない。

　海外の研究者が捕鯨反対する理由の 1 つは，捕鯨国への不信だろう。持続可能な利用の可能性を認めながら，実施状況に対する不信を訴える反捕鯨団体なら，捕鯨再開の条件を冷静に議論できるはずであり，対話ができるだろう。

　国内の有力な環境団体との合意形成を経ることが，捕鯨再開の条件であろう。2002 年に WWF ジャパンが会報で捕鯨問題に関する対話路線を表明したときも，世界本部と十分な協議のうえで意見を述べた。それでも，海外の報道機関は WWF ジャパンの「方針転換」を激しく非難した[3]（松田 2012）。

　言い換えれば，国際的な環境団体が世界本部として反捕鯨運動を続けていても，欧州を含む諸外国のすべての支部が捕鯨に反対しているとは限らない。支部ごとに方針がいくぶん異なることは，他の環境政策についても同様であり，支部として具体的にどのような活動をしているかを吟味する必要がある。

WWF ジャパン 2002 年 4 月号会報とウェブサイトに載った意見表明[4]
「新たな一歩を踏み出すとき」

　　クジラをめぐる問題は，今も混迷を極めています。対立する利害関係や，心情的なもつれなども加わって，事はいっそう複雑です。しかし，もうそろそろ，解決に向かう新たな一歩が踏み出されるべきです。

　　WWFは，50 か国に及ぶ国際団体であり，クジラに関しても，国によってさまざまな意見があります。これまで，商業捕鯨をなくしてい

---

[3]：http://news.bbc.co.uk/2/hi/science/nature/1458234.stm
[4]：http://www.wwf.or.jp/marine/kujira/index.htm

うとする意見がより強く反映されてきました。それは，乱獲によるクジラ類の激減をくい止める大きな力になりました。しかし，乱獲の最大の理由であった鯨油の需要がなくなった今，WWFもまた，次の一歩を踏み出すときに来ているといえます。(後略)

　先ほど，日本の主要な環境団体は持続可能な利用に理解を示していると述べたが，まだ流動的要素がある。その1つとして，2003年に野生生物保護法制定を目指す全国ネットワークによって提案された野生生物保護基本法がある*5。この市民による立法運動は，持続可能な利用に言及しない形で基本法を作ることを目指していた。生物多様性保全と持続可能な利用の調和は，生物多様性保全条約にも明記されていることであり，先に述べたように，国際的な環境団体の使命である。結局，この運動は生物多様性基本法を目指す動きに収斂し，2008年に同法は成立した。同法には，保全と利用の両立を図ることが明記されている。
　もともと，近代欧米の自然保護思想はアルド・レオポルドに始まる。世界最初の国立公園とされる米国イエローストーン国立公園は，残された原生自然を人間の影響から隔離し保護するための制度であった。実は，レオポルドは野生動物管理学の創設者の一人でもある。1980年に持続可能な開発が標榜されて以後，やがて持続的利用との調和を図る保全という考え方が生まれた。1992年にE. O. ウィルソンが「生物多様性（biodiversity）」という用語を提唱して以後，絶滅危惧種だけでなく生態系，種，遺伝子の各レベルで普通種も含めた多様性の保全が重視されるようになった。さらに国連ミレニアム生態系評価が出した2005年の報告書以後，生態系サービス（自然の恵み）を守ることが人間の福利につながるという認識が広がり，生物多様性条約の根幹となった。逆に言えば，これらの諸概念の歴史はまだ短い。今後も，自然保護思想は10年単位で進化し続ける可能性がある。
　しかし，当然のことながら，このような動きに合わせて変化する環境保護団体と，古い思想を掲げ続けるところがある。それは国家や企業や科学者も同じだろう。諸事例に関する意見分布を分析する際には，このように変容し続ける思想とその担い手がいることを踏まえることが有効だろう。

＊5：http://www.wlaw-net.net/archive/hogokihon-youkou.html

3. 保全と利用の調和を図る近年の動き

　環境団体は水産資源管理だけでなく，1999年の鳥獣保護法改正の際には，シカなどの野生生物管理も批判していた。ニホンジカはかつて乱獲され，絶滅が危惧された。その亜種であるエゾシカも，明治時代に乱獲と豪雪で激減し，そのあと長らく禁猟で保護され，戦後回復した。今度は増えすぎが問題となったが，狩猟者が減り，高齢化し，もはや狩猟能力を超えて増え続けている（湯本・松田 2006）。

　大量捕獲を伴うエゾシカ保護管理計画は道東地区で1998年から実施された。これは鳥獣保護法の1999年改正時に導入された特定計画制度の先駆例になったと言われる（湯本・松田 2006）。このときには大量捕獲への猛反対が全国的に巻き起こった。シカがかつて激減したのも近年激増しているのも人間の不適切な自然とのかかわりの結果であり，捕獲によって解決を図るのは過去の過ちの上塗りであるという批判があった。そもそも，エゾシカの個体数が正確に推定されていないこと，シカと共存する限り農林業被害をゼロにはできないことが，捕獲は根本的な解決手段ではないという批判の根拠になった。

　これに対して，北海道と管理計画を立案した科学者たちは，IWCで議論されている順応的管理の手法を推奨し，1998年から道東エゾシカ保護管理計画が実施された。これは1999年鳥獣保護法改正で導入された特定鳥獣保護管理計画制度の見本とされた。その後数年で，主な環境団体もニホンジカの大発生が放置できない段階にあることを認識し，エゾシカ保護管理計画そのものに反対する意見はきわめて少数になった。

おわりに

　大西洋クロマグロ一色だった日本ではほとんど報道されなかったが，2010年のCITES/CoP15では，タンザニアとザンビアのアフリカゾウを附属書Ⅰから附属書Ⅱに降格する提案が否決されている。両国のアフリカゾウについてはCITESの専門家パネルも「附属書Ⅰの基準を満たしていない」（つまり附属書Ⅱがふさわしい）ことを明言していた。ザンビアの代表は，「私たちの国が必要なのは援助ではなく，自立への支援である」と主張し，「アフリカゾウを持続的に利用させてほしい」と訴えた。

生物多様性条約は，①地球上の多様な生物をその生息環境とともに保全すること，②生物資源を持続可能に利用すること，③遺伝資源の利用から生ずる利益を公平かつ衡平に配分することを定めている。わかりやすいからということもあるだろうが，巷では①ばかりが強調されている。だとすると，なにも生物多様性(biodiversity)という概念をもちだすまでもない。自然(nature)や野生生物（wildlife）といった従来の術語では十分に汲みきれなかった概念が，生物多様性の精神であり，それはとりもなおさず持続可能な利用と少数民族の知的所有権の保護であったはずである（タカーチ 2006）。こうした視点は，1970年代初頭に誕生したCITESにはない。

　私たちが，今日，さまざまな製薬の恩恵にあずかれるのも，多分に熱帯雨林で暮らしてきた人びとが継承してきた生態学知識によっている。ABS (Access and Benefit Sharing) と称される，こうした人びとへの利益還元も必要である。しかし，それだけでなく，このような人びとが受け継いできた生態学的知識の基盤となる狩猟採集という，かれらの生活様式にも敬意を払う必要がある。そのためには，保護（保存）一辺倒ではなく，乱獲を防ぎつつ，持続的利用の原則への理解を加盟国は推進していく責務がある。

引用文献

タカーチ，デヴィッド．2006．狩野秀之・新妻昭夫・牧野俊一・山下恵子（訳）生物多様性という名の革命，436 pp. 日経 BP 社，東京．
ナッシュ，R. F. 2004．松野弘他（訳）アメリカの環境主義―環境思想の歴史的アンソロジー，501 pp. 同友館，東京．
吉田正人．2007．自然保護―その生態学と社会学，地人書館，東京．
松田裕之・矢原徹一・石井信夫・金子与止男（編集）．2006．ワシントン条約附属書掲載基準と水産資源の持続可能な利用（増補改訂版），250 pp. 社団法人自然資源保全協会（非売品）．
松田裕之．2012．海の保全生態学，224 pp. 東京大学出版会，東京．
湯本貴和・松田裕之（編著）．2006．世界遺産をシカが喰う：シカと森の生態学，216 pp. 文一総合出版，東京．

まつだ ひろゆき　横浜国立大学大学院 環境情報研究院

ケーススタディ

ウミガメ

南 浩史

ヒメウミガメの集団産卵

海亀類とは？

　海亀類は，アカウミガメ（*Caretta caretta*），アオウミガメ（*Chelonia mydas*），タイマイ（*Eretmochelys imbricata*），ケンプヒメウミガメ（*Lepidochelys kempii*），ヒメウミガメ（*Lepidochelys olivacea*），ヒラタウミガメ（*Natator depressus*）のウミガメ科5属6種とオサガメ（*Dermochelys coriacea*）のオサガメ科1属1種の計7種に分類されている。海亀類は，種によって分布範囲や回遊経路は異なるものの，世界の熱帯域から温帯域にかけて広く分布し，産卵以外はほとんど海洋で過ごしている。特にオサガメは，遊泳能力が高く，熱帯域から高緯度域まで広範囲に移動する。産卵は数年に一度行われ，一回の産卵期に複数回の上陸・産卵が行われる。1回の産卵でおよそ100個前後の卵が産み落とされる。孵化した稚亀は砂から這い出し，海洋での生活が始まる。海亀類は，年齢とともに甲長など体サイズが大きくなるが，年齢，成長，成熟については不明な点が多く，アカウミガメやアオウミガメでは成熟に20～30年かかると言われている。

海亀類とCITES

　海亀，特にタイマイとワシントン条約（CITES）の関係が深い。日本では，タイマイの甲羅を加工し，様々な装飾用具として作製されたものが，古くは

飛鳥・奈良時代からべっ甲細工として親しまれてきた（日本べっ甲協会 2014）。タイマイは日本周辺には多く生息していないことから，べっ甲細工の材料である甲羅は海外からの輸入に頼ることが多かった。タイマイと CITES の関係については本書**第1章**の著者である金子（2004）に詳しくまとめられており，それをここで簡単に紹介したい。

1975 年 7 月 1 日に CITES が発効された時，海亀については大西洋・地中海に生息するタイマイが附属書 I に，太平洋・インド洋に生息するタイマイが附属書 II に掲載され，大西洋・地中海個体群の商業取引が禁止となった。1976 年の第 1 回締約国会議では，タイマイが同一種であるにもかかわらず個体群によって附属書 I と II に分かれていると税関などで取り締まりが困難になるという理由から，両個体群を附属書 I に掲載するという提案が採択された。さらに同会議に，世界のほとんどの海亀個体群が絶滅の危機に瀕しているとして，全種を附属書 I （アオウミガメ豪州個体群のみ附属書 II）に掲載するという提案が採択された（1981 年にはアオウミガメ豪州個体群も附属書 I に移行）。

日本が CITES に加盟したのは海亀が附属書 I に掲載された後の 1980 年であるが，加盟してからもタイマイを留保することによって，1992 年までべっ甲を輸入し続けた。しかしながら，日本は CITES の効果を減殺しているとの非難を受け，1993 年からべっ甲の輸入を禁止し，1994 年に留保を撤回した。

これまでにタイマイを附属書 II にダウンリストする動きがいくつかあった。1985 年にインドネシアおよびセイシェルが自国の個体群をダウンリストする提案を第 5 回締約国会議に提出したが否決された。1987 年にインドネシアは再びダウンリスト提案を提出したが，第 6 回締約国会議前に提案を取り下げた。その 10 年後，1997 年にキューバがタイマイのダウンリスト提案を第 10 回締約国会議に提出した。日本が 1993 年からべっ甲の輸入を禁止したことから，キューバも輸出が途絶えている。キューバではタイマイが貴重な食料として伝統的に捕獲され，その副産物であるべっ甲を輸出してきたが，本種の持続可能な利用や保全のために伝統的捕獲量を大幅に削減した。提案は，伝統的捕獲の副産物であるべっ甲と過去に蓄積されたべっ甲を輸出するためであった。しかし，この提案は賛成票が反対票を上回ったものの否決される結果となった。また，2000 年の第 11 回締約国会議にもキューバは，タイマイの捕獲による副産物のべっ甲を輸出して，その収益を保

全管理に役立てるという提案，つまり，本種の保全管理にはダウンリストが必要であることを示す提案を行い，賛成票が反対票をかなり上回る結果になったものの，この提案も否決された。1977年以降，海亀全種が附属書Ⅰに掲載されたまま（アオウミガメ豪州個体群は1981年以降）全種の商業取引が禁止となっている。

海亀類の個体群動向

海亀類各種の個体群動向は世界各国に点在する産卵地によって違いがあり，詳細について把握することは困難である。国際連合食糧農業機関（FAO 2004）は，各種の個体群の増減についてFAO水産報告（No. 738）にまとめている。また，国際自然保護連合（IUCN 2014）によれば，海亀7種のうち，増加あるいは安定傾向を示すものはなく，減少傾向を示すものはアオウミガメ，タイマイ，ヒメウミガメおよびオサガメであり，アカウミガメ，ケンプヒメウミガメ，ヒラタウミガメの動向については記載されていない。2014年時点におけるレッドリスト・カテゴリーでは，絶滅危惧IA類（CR）が2種，IB類が2種（EN），Ⅱ類（VU）が2種，情報不足（DD）が1種として掲載されている（カテゴリーについては第4章を参照）。近年，SWOT（The State of the World's Sea Turtles）（2014）は世界各地における海亀の産卵数の集計を行っており，さらに，海亀各種において絶滅が危惧されている個体群と健全な個体群をまとめている。種別における個体群の状況を以下に説明する。

アカウミガメ

アカウミガメのレッドリスト・カテゴリーは，1986〜1994年では絶滅危惧Ⅱ類（VU）であったが，1996年の最新の見直しで絶滅危惧IB類（EN）にアップリストされた。評価が古いため情報のアップデートが必要とされている。SWOT（2014）の評価では，北東部大西洋（主要産卵場：カーボベルデ），北東部インド洋（主要産卵場：スリランカ，バングラデシュ，ミャンマー）及び北太平洋（主要産卵場：日本）の各個体群は絶滅が危惧されており，北西部インド洋（主要産卵場：オマーン）の個体群が健全と評価されている。ただし，北太平洋個体群の主要産卵場である日本における産卵巣数に関しては，1990年代では減少傾向であったが2000年頃から増加傾向にあるようである（石原ら 2014）。

アオウミガメ

アオウミガメのレッドリスト・カテゴリーは，1986～1996年では絶滅危惧IB類（EN）であるが，2004年の最新の見直しでもカテゴリーに変化はなく，絶滅危惧IB類（EN）のままである。SWOT（2014）の評価では，本種の絶滅が危惧されている個体群はなく，東部太平洋（主要産卵場：ガラパゴス諸島，メキシコ），南西部大西洋（主要産卵場：ブラジル），南東部インド洋（主要産卵場：オーストラリア），中南部太平洋（主要産卵場：フランス領ポリネシア，太平洋島嶼国）及び中西部太平洋（主要産卵場：パラオ，グアム，ミクロネシア連邦）の各個体群が健全と評価されている。

タイマイ

タイマイのレッドリスト・カテゴリーは，1986～1994年では絶滅危惧IB類（EN）であったが，1996年の見直しで絶滅危惧IA類（CR）にアップリストされ，2008年の最新の見直しでもカテゴリーに変化はなく，絶滅危惧IA類（CR）のままである。SWOT（2014）の評価では，東部大西洋（主要産卵場：コンゴ，サントメ・プリンシペ），東部太平洋（主要産卵場：エルサルバドル，ニカラグア，エクアドル），北東部インド洋（主要産卵場：インド，スリランカ，バングラデシュ）及び西部太平洋（主要産卵場：マレーシア，インドネシア，フィリピン）の各個体群は絶滅が危惧されており，南東部インド洋（主要産卵場：オーストラリア），南西部インド洋（主要産卵場：セイシェル，イギリス及びフランス海外領土）及び南西部太平洋（主要産卵場：オーストラリア）の各個体群が健全と評価されている。

ケンプヒメウミガメ

ケンプヒメウミガメのレッドリスト・カテゴリーは，1986～1994年では絶滅危惧IB類（EN）であったが，1996年の最新の見直しで絶滅危惧IA類（CR）にアップリストされた。評価が古いため情報のアップデートが必要とされている。

ヒメウミガメ

ヒメウミガメのレッドリスト・カテゴリーは，1986～1996年では絶滅危惧IB類（EN）であったが，2008年の最新の見直しで絶滅危惧II類（VU）にダウンリストされた。SWOT（2014）の評価では，北東部インド洋（主要産卵場：インド）及び西部インド洋（主要産卵場：インド，オマーン）の各個体群は絶滅が危惧されており，東部太平洋（主要産卵場：メキシコ，ニカラグア，コスタリカ）の個体群が健全と評価されている。

ヒラタウミガメ

　ヒラタウミガメのレッドリスト・カテゴリーは，1994〜1996年では絶滅危惧Ⅱ類（VU）とされているが，1996年には情報不足（DD）とされている。評価が古いため情報のアップデートが必要とされている。

オサガメ

　オサガメのレッドリスト・カテゴリーは，1986〜1996年では絶滅危惧ⅠB類（EN）であり，2000年の見直しでは絶滅危惧ⅠA類（CR）にアップリストされたが，2013年の最新の見直しでは絶滅危惧Ⅱ類（VU）にダウンリストされた。SWOT（2014）の評価では，東部太平洋個体群（主要産卵場：メキシコ，ニカラグア，コスタリカ）は絶滅が危惧されており，北西部大西洋（主要産卵場：トリニダード，ガイアナ，フランス領ギアナ，スリナム，コスタリカ，パナマ）及び南東部大西洋（主要産卵場：ガボン）の各個体群が健全と評価されている。

　以上のように，海亀に関するIUCNのレッドリスト・カテゴリーでは，アカウミガメ，タイマイ，ケンプヒメウミガメおよびヒラタウミガメのように，1996年以降，評価が行われていない種が多い。一方，オサガメのように2000年には一度アップリストされたが，2013年にはダウンリストされた種も存在する。また，IUCNによる個体群の動向については，増加あるいは安定傾向を示す種は存在せず，不明なものを除いてすべて減少傾向と評価されている。一方，SWOT（2014）の評価では，例えばアオウミガメは絶滅が危惧されている個体群はなく，多くの個体群が健全と評価されている。IUCNでは，情報のアップデートが必要とされる種が多いことや，近年の評価手法の改善や個体数に関するデータ蓄積量の増加によって，オサガメのように評価が変化する可能性もあること，他の機関と評価の結果が異なることから，個体群の動向については定期的な評価のアップデートが必要と考える。

個体群への影響要因

　海亀の個体群は，その生活史の特性により，海洋のみならず産卵海岸である陸上においても様々な影響を受けている。産卵海岸では，照明，レジャー等の人間活動，漂着物や堤防等の人工物による産卵阻害，海岸の浸食による産卵環境の悪化，台風や高波による卵の流失や死亡，外敵による卵の食害な

どの問題が存在する。また，地域によっては産卵個体や卵の採取も行われており，貴重な食料として利用されている。海洋では，定置網，まき網，刺し網，底びき網など沿岸漁業による混獲，はえ縄，まき網など遠洋漁業による混獲が問題となっている。また，漁業以外にも，浮遊する人工ゴミの誤飲，環境ホルモンの影響も問題として考えられる。産卵海岸では，国やNGOなどにより産卵環境の保全・改善，産卵個体や卵の消失の防止など保護活動が実施されている地域も多く存在する。一方，漁業においても，底びき網の海亀混獲回避装置（TED），はえ縄のサークルフックや混獲されにくい餌，定置網の海亀排除装置などの開発や措置の導入が行われている。このように，海亀は，漁業によって混獲されたり，一部地域では人間の食料として捕獲や採卵されたり，産卵場の環境や海洋汚染など多くの要因が海亀の資源に影響を与えるのも事実であるが，地域によっては適切な保全対策が行われ，ある種や地域個体群によっては資源が回復しているのも事実である。そのため，それぞれの種の個体群動向については定期的に評価していく必要があり，すべての種が附属書Iに掲載されたままでよいのかどうか，キューバ提案のように利用と保全を続けるために一部の種についてはダウンリストが必要なのかどうか，今後も十分に検討していく必要があると考える。

引用文献

FAO. 2004. Report of the expert consultation on interactions between sea turtles and fisheries within an ecosystem context. (FAO Fisheries Report No. 738), 45 pp. FAO, Rome.

石原孝・亀崎直樹・松沢慶将・石崎明日香. 2014. 漁業者への聞き取り調査から見る日本の沿岸漁業とウミガメの関係. 野生生物と社会 **2**(1): 23-35.

IUCN. 2014. 2014 IUCN Red List of Threatened Species. http://www.iucnredlist.org/ (25 June 2014)

金子与止男. 2004. タイマイ. 松田裕之・矢原徹一・石井信夫・金子与止男（編集）ワシントン条約附属書掲載基準と水産資源の持続可能な利用, pp. 215-222. 社団法人自然資源保全協会（非売品）.

日本べっ甲協会. 2014. 一般社団法人日本べっ甲協会. http://www.bekko.or.jp (25 June 2014)

SWOT. 2014. The state of the World's Sea Turtles. http://seaturtlestatus.org (25 June 2014)

みなみ ひろし　国立研究開発法人 水産総合研究センター 国際水産資源研究所

コガシラネズミイルカ
―現在最も絶滅に近いイルカ―

宮下 富夫

　現生鯨類（鯨目）の分類については，2013年の国際捕鯨委員会（IWC）科学委員会で改訂（スナメリを2種に分けるなど）があり，ヒゲクジラ類（亜目）が4科14種，ハクジラ類（亜目）が10科74種認められている。ヒゲクジラ類は，口腔内上顎側にクジラヒゲと呼ばれる濾過装置を備えることでオキアミなどの低次生物を効率よく摂餌できるように特化しており，シロナガスクジラに代表されるように比較的大型の鯨類である。一方，ハクジラ類は口腔内に歯（すべて犬歯状の同歯列構造）を有する鯨類で，マッコウクジラやツチクジラなど大型のものもあるが，ほとんどは小型の鯨類（イルカと呼ばれる）である。

　鯨類についてワシントン条約（CITES）の附属書Ⅰに記載されている種類を表にまとめた。IWCと国際自然保護連合（IUCN）の分類体系が異なっているので，主な相違点に関する説明を注に加えた。これによると，すべてのヒゲクジラ類14種とハクジラ類では7科17種（IWCの分類）が附属書Ⅰに記載されている。このうち，IUCNのレッドリスト（2012年版）で「絶滅寸

(FAO SPECIES IDENTIFICATION GUIDE Marine mammals of the world
http://www.fao.org/docrep/009/t0725e/t0725e00.htm より引用)

表　付属書Iに記載されている鯨類

経済産業省のCITESウェブサイト（http://www.meti.go.jp/policy/external_economy/trade_control/boekikanri/cites/）に基づく（2015年12月現在）。IUCNとIWCでは分類が異なるため，備考にIWCの考え方を示した。本表に記載されている種類以外は附属

Balaenidae　セミクジラ科		
Balaena mysticetus	ホッキョククジラ	
Eubalaena spp.	セミクジラ属全種	*E. australis*（ミナミセミクジラ），*E. glacialis*（タイセイヨウセミクジラ），*E. japonica*（セミクジラ）の3種
Balaenoteridae　ナガスクジラ科		
Balaenoptera acutorostrata	ミンククジラ	西グリーンランドの個体群は附属書II
Balaenoptera bonaerensis	クロミンククジラ	
Balaenoptera borealis	イワシクジラ	
Balaenoptera edeni	ニタリクジラ	
Balaenoptera musculus	シロナガスクジラ	
Balaenoptera omurai	ツノシマクジラ	
Balaenoptera physalus	ナガスクジラ	
Megaptera novaeangliae	ザトウクジラ	
Escrichitius　コククジラ科		
Escrichitius robustus	コククジラ	
Delphinidae　マイルカ科		
Orcaella brevirostris	カワゴンドウ	
Orcaella heinsohni	オーストラリアカワゴンドウ	
Sotalia spp.	コビトイルカ属全種	*S. fluviatilis*（英名：tucuxi，和名：コビトイルカ）と*S. guianensis*（英名：Guiana dolphin，和名：未確定）の2種
Sousa spp.	ウスイロイルカ属全種	*S. chinensis*（シナウスイロイルカ）と*S. teuszii*（アフリカウスイロイルカ）の2種

前（CR：Critically Endangered）」に分類された種類は，ヨウスコウカワイルカとコガシラネズミイルカの2種である。

　ヨウスコウカワイルカは，2006年の大規模な国際目視・音響調査によっても1頭の発見もなく，ほぼ絶滅したと報告された（Turvey et al. 2007）。同調査では細かい支流が調査できなかったこともあり，1頭もいなくなったということではないと思われるが，種として存続できるレベルの頭数ではない

書Ⅱに属するが，野生から捕獲され主として商業的目的で取引される黒海原産の Tursiops truncatus（ハンドウイルカ）の生体標本については，毎年ゼロの輸出割当てが設定されている。セミクジラ科，ナガスクジラ科及びコククジラ科がヒゲクジラ類であり，それ以外はハクジラ類である。

Iniidae アマゾンカワイルカ科		
Lipotes vexillifer	ヨウスコウカワイルカ	*Lipotes vexillifer* は Lipotidae（ヨウスコウカワイルカ科）として別科として扱う。アマゾンカワイルカ科には，*Inia geoffrensis*（英名：Amazon river dolphin，和名：アマゾンカワイルカ）が入る。
Neobalaenidae コセミクジラ科		
Caperea marginata	コセミクジラ	
Phocoenidae ネズミイルカ科		
Neophocaena phocaenoides	スナメリ	*N. asiaeorientalis*（英名：Narrow-ridged finless porpoise，和名：未確定）と *N. phokoena*（英名：Indo-Paicfic finless porpoise，和名：未確定）の2種に分類。我が国沿岸に分布するのは前者である。
Phocoena sinus	コガシラネズミイルカ	
Physeteridae マッコウクジラ科		
Physeter macrocephalus	マッコウクジラ	
Platanistidae カワイルカ科		
Platanista spp.	カワイルカ属全種	*Platanista gangetica gangetica*（英名：South Asian river dolphin，和名：インドカワイルカ）の1種。
Ziphiidae アカボウクジラ科		
Berardius spp.	ツチクジラ属全種	*B. arnuxi*（ミナミツチクジラ）と *B. bairdii*（ツチクジラ）の2種
Hyperoodon spp.	トックリクジラ属全種	*H. ampullatus*（キタトックリクジラ）と *H. planifrons*（ミナミトックリクジラ）の2種

とされ，「機能的に」絶滅したと判定された（IWC 2008）。ヨウスコウカワイルカが絶滅した要因は，漁業による混獲，ダム建設による生息域分断，汚染，船舶との衝突などが指摘されているが，流域には世界人口の10分の1が暮らしていて，近年の経済発展により，これら人間活動の影響が顕著となり，絶滅に至ったとされる。仮に絶滅したとなると，本種は有史以来人間活動の影響で絶滅した初めての鯨類ということになる。

ヨウスコウカワイルカに次いで絶滅の危機にあるイルカがコガシラネズミイルカ (vaquita, *Phocoena sinus*) である (IWC 2008)。コガシラネズミイルカは，カリフォリニア湾にのみ生息する体長 1.4 m 程度のネズミイルカ科の最小種である。本種が分布するのは，カリフォルニア湾の深奥部であり，そこは潮の干満が激しく，濁っていて，生産性が高い海域である。目視調査によると，発見が多いのは水深 11～50 m であり，岸から 11～25 km の範囲とされ，底質は泥や粘土の海域である (Silber *et al.* 1994)。コガシラネズミイルカの個体数は，1997 年で 567 頭（95% 信頼区間 177～1,073）(Jaramillo-Legorreta *et al.* 1999)，2008 年で 214 頭（95％信頼区間 135～326）(Gerrodette *et al.* 2011) という推定値がある。2011 年から本格的な音響調査が開始され，統一された方法によりモニタリングされている。これにより，本種の個体数は現在でも減少傾向が続いており，2014 年現存の推定頭数は中央値で 97 頭と推定された (Gerrodetto, 2014)。最新の音響調査によれば，本種が 2011 年から 2014 年に年率 10%以上で減少した確率が 99.6%との報告がある (IWC 2015)。

　本種が減少した要因としては，ヨウスコウカワイルカと同様に，漁業による混獲が一番大きいとされ，ダムや灌漑による環境変化や農薬等の流れ込みによる環境汚染も悪影響を及ぼしたとの指摘もある。また，個体数が減少してからは，近親交配による影響も指摘されている。本種を混獲する漁業は，これもカリフォルニア湾特産の Totoaba という体長 2 m に達する大型の魚を刺し網で漁獲する漁業である。本漁業は対象となる Totoaba 自体が少なくなったこともあり，メキシコ政府により 1975 年に禁止されたが，高価値なことから密漁もあるとされる。また，かつて Totoaba は米国に輸出されており，現在では密漁されたものが主に中国に出回っているとされる (IWC 2015)。消費者は気がつかないうちに絶滅に瀕している小型鯨類の混獲に手を貸していたことになる。

　コガシラネズミイルカの保護は，メキシコ政府や NGO が中心となって，90 年代から行われており，それらは保護区の設定，ピンガー（漁網などに取りつけ，鯨類が嫌う音を出すことにより，鯨類の接近を妨げる装置）による混獲回避措置といったものである。現在も，メキシコ政府が周辺国や NGO の協力のもと，保護を継続しており，上記の個体数減少の結果を受け 2015 年 5 月に本種の分布海域において刺し網を 2 年間禁止することを決定

した (IWC 2015)。ただし，減少傾向が継続しており，事態は予断を許さない状況にある。第二のヨウスコウカワイルカにならないことを祈るばかりである。

引用文献

Gerrodette, T., Taylor, B. L., Swift, R., Rankin, S., Jaramillo-Legorreta, A. M. & Rojas-Bracho, L. 2011. A combined visual and acoustic estimate of 2008 abundance, and change in abundance since 1997, for the vaquita, *Phocoena sinus*. *Marine Mammal Science* **27**: E79-E100.

Gerrodette, T. 2014. Annex 3. Estimation of current vaquita population size. REPORT OF THE FIFTH MEETING OF THE 'COMITÉ INTERNACIONAL PARA LA RECUPERACIÓN DE LA VAQUITA' (CIRVA-5) Available from http://www.worldwildlife.org/publications/report-5th-meeting-of-the-international-committee-for-the-recovery-of-the-vaquita-cirva : pp. 26-28.

International Whaling Commission (IWC). 2008. Report of the Sub-Committee on Small Cetaceans. Annex L. *Journal Cetacean Research and Management* **10** (Supl.): 302-321.

International Whaling Commission (IWC). 2015. Report of the 66th IWC Scientific Comittee, San Diego, CA, USA, 22 May-3 June 2015. Available from IWC website. https://iwc.int/home.

Jaramillo-Legorreta, A. M., Rojas-Bracho, L. & Gerrodette, T. 1999. A new abundance estimate for vaquitas: first step for recovery. *Marine Mammal Science* **15**: 957-973.

Silber, G. K., Newcomer, M. W., Sukberm O. C., Perez-Cortes, H., & Elis, G. M. 1994. Cetaceans of the northern Gulf of California: Distribution, occurrence, and relative abudance. *Marine Mammal Science* **10**: 283-298.

Turvey, S., Pitman, R. L., Taylor, B., Akamatsu, T., Barrett, L. A., Xhao. X., Reeves, R., Stewart, B., Wang, K. R., Wei, X., Richlen, M., Brandon, J. & Wnag, D. 2007. First human-caused extinction of a cetacean species? *Biology Letters* **3**(5): 537-540. DOI: 10.1098/rsbl.2007.0292.

みやした とみお　国立研究開発法人 水産総合研究センター 国際水産資源研究所

サメ類掲載問題

仙波 靖子

　2013年3月，バンコクで開催されたワシントン条約第16回締約国会議（CITES-CoP16）は，サメ類の持続的利用をめぐる利用派と保護派の論争の歴史に，新たな幕開けを予感させる結果となった。

　サメ類とワシントン条約の関係においては，ホホジロザメ（*Carcharodon carcharias*）が附属書IIに掲載された2004年から9年の歳月を経て，ニシネズミザメ（*Lamna nasus*），ヨゴレ（*Carcharhinus longimanus*），アカシュモクザメ（*Sphyrna lewini*; 類似種規定により，シロシュモクザメ *Sphyrna zygaena*，ヒラシュモクザメ *Sphyrna mokarran* も含む。以下これらを"シュモクザメ類"と表記），マンタ属のエイ（*Manta* spp.）が附属書IIに掲載されることが決定した。これらの提案に対して，資源管理を通じた水産種の保全こそが重要であると主張する一部の漁業国は反対を続けたものの，投票の結果3分の2以上の賛成票を

気仙沼漁港に水揚げされたヨシキリザメの体長を測定する。測定データは，資源評価のための重要な情報として活用される

得て可決された。

本節では、サメ類を巡る国際的な論議を簡単に紹介しつつ、これらのサメ・エイ類の附属書掲載提案書の内容とそれぞれの種またはグループに対する国際連合食糧農業機関（FAO）の専門家パネル会合（**第1章参照**）[*1]の評価をまとめ、CoP16の結果が意味するもの、さらにはサメ類の持続的利用に向けた今後の展望について考察する。

サメ類とワシントン条約

サメ類は、脊索動物門軟骨魚綱に属する魚類で、世界で約500種が報告されている（仲谷 2011）。体サイズ、外部形態だけでなく、繁殖様式（卵生〜卵胎生〜胎生）、食性（プランクトン〜魚類・イカ類〜海棲哺乳類や海鳥・海亀）、分布（熱帯〜亜寒帯・表層〜深海・沿岸〜外洋）などの生理・生態学的特徴が多様であることが大きな特徴の1つとされる。その一方で、いずれの種も共通して体内受精を行い、1〜数年の妊娠期間を経て、出生・ふ化後すぐに自立生活が可能な幼魚又は卵を少数産む。多くの硬骨魚類で見られる、「膨大な数の小さい卵を産み、成長が速く、寿命が短い」生活史特性との対比となる、「少数の大きな子や卵を産み、成長が遅く、寿命が長い」という、いわゆる"乱獲に弱い"生活史特性を有すると表現される。

ヒトとのかかわりにおいては、"漁獲物やヒトに害を及ぼす邪魔者"である一方、"漁獲の対象"でもあり[*2]、さらには"崇拝の対象"や"ゾウやサイと同列に保護すべき生物"等々、サメ類に対する価値観は地域や文化によって様々である。フカヒレを例に出すまでもなく、中国をはじめとした多くのアジア諸国においては、サメ類は"食用"としての面を少なからず有する。我が国ではフカヒレに限らず、肉は練り物の材料として古くから水産物とし

[*1]：FAOパネル会合は、生物学、水産資源管理、国際取引、社会経済学等の様々な分野の専門家が集まり、CITESに提出された水産種についての附属書掲載提案の妥当性を審議する専門家会合で、審議の結果はパネルレポートの形で報告される。CoP12以降、水産種に関する提案が顕著になったため、CoP13から水産種に関する掲載提案に関してはFAOが事前に専門家による検討会を開催し、FAOとしての見解を提出している（中野 2010）。レポートの結果はCoPにおける議論等に大きな影響を与えている。

[*2]：FAO統計によれば、2012年には世界で765,000トンのサメ・エイ類が漁獲されている。

[*3]：フランス、ポルトガルでは15,000トン、スペインでは105,000トンのサメ・エイ類の漁獲が報告されている（FAO 2012）。

表 1 CITES におけるサメ類の附属書提案の歴史

CoP（年次）	提案種	可否	提案国
CoP10（1997）	ノコギリエイ	否決	米国
CoP11（2000）	ホホジロザメ	否決	米国・オーストラリア
	ジンベイザメ	否決	米国
	ウバザメ	附属書 III	英国
CoP12（2002）	ジンベエザメ	附属書 II	インド・フィリピン
	ウバザメ	附属書 II	英国
CoP13（2004）	ホホジロザメ	附属書 II	オーストラリア・マダガスカル
CoP14（2007）	ノコギリエイ	附属書 I	米国・ケニア
	アブラツノザメ	否決	EU（ドイツ）
	ニシネズミザメ	否決	EU（ドイツ）
CoP15（2010）	ノコギリエイ	否決	EU（スウェーデン）・パラオ
	ニシネズミザメ	否決	EU（スウェーデン）・パラオ
	アカシュモクザメ（シュモクザメ類として提案）	否決	米国・パラオ
	ヨゴレ	否決	米国・パラオ
CoP16（2013）	ニシネズミザメ	附属書 II	ブラジル・コモロ・クロアチア・EU（デンマーク）・エジプト
	アカシュモクザメ（シュモクザメ類として提案）	附属書 II	ブラジル・コロンビア・コスタリカ・EU（デンマーク）・エクアドル・ホンジュラス・メキシコ
	ヨゴレ	附属書 II	ブラジル・コロンビア・米国
	マンタ属のエイ	附属書 II	ブラジル・コロンビア・米国

て利用されており，皮や軟骨まで余すところなく利用されてきた（矢野 1979, 中村 2006）。宮城県の気仙沼地方には，サメ類を漁獲対象とするはえ縄漁業が存在し，気仙沼港はわが国最大のサメ類の水揚げ量を誇る。その一方で，スペイン，ポルトガルを中心とした欧米諸国の中では，サメ類は食用とされてはいるものの[*3]，利用の対象というよりも，"保護の対象"として受け入れられているようである。

　サメ類が保護の対象として議論されるようになったのは，1980年代終わり頃と言われる（中野 1998）。1970年代の終わりから1980年代にかけて，メキシコ湾周辺で勃興した米国のサメ漁業とそれに伴うサメ類の漁獲量の減少が契機となり，米国政府はメキシコ湾～米国東岸にかけてのサメ漁業に関する管理計画を策定，実施した。当時すでに米国内でサメ保護に関する世論が高まっていたことを背景として，米国政府が1994年の CITES CoP9 においてサメ類に関する決議案を提出したのが，CITES におけるサメ問題の始まりであった（中野 2010）。その後，サメ類の附属書掲載提案が毎回出される

ようになり，2000年にウバザメが初めて附属書IIIに掲載されることになる（**表1**）。サメ保護運動の舞台裏やその後のCITESにおけるサメ類の附属書掲載提案の詳細については，中野（1998，2010，2012）に詳しいのでこちらを参照されたい。今回提案されたサメ類のうち，ニシネズミザメ，ヨゴレ，シュモクザメ類は前回のCoP15においても，附属書IIへの掲載が提案されたが，本会議での投票において否決されている。

2. CoP16におけるサメ類提案書の概要（各種）

CoP16で審議されたサメ・エイ類は，ニシネズミザメ，ヨゴレ，シュモクザメ類，マンタ属のエイの他，淡水エイも含まれていたが，ここでは商業漁業にかかわりの深いニシネズミザメ，ヨゴレ，シュモクザメ類に焦点をあて，マンタ属のエイについて若干の情報を加える。

2.1. ニシネズミザメ

ニシネズミザメは，北大西洋と南半球の高緯度域に分布するネズミザメ科のサメである。はえ縄漁業で混獲されるサメ・エイ類11種の中では生産力[*4]が低いと推定されている（Cortés *et al.* 2010）。沖合域の情報が少ないため，沿岸性が強く沖合での分布密度は低いと考えられてきた。北大西洋においては，1920年代頃からEUやカナダの沿岸はえ縄漁業によって肉を目的とした開発が進み，北西部・北東部の個体群の資源量は激減した。資源の崩壊に対し，沿岸漁業国がTACや親魚保護等の国内漁業管理を実施した結果，北西部の個体群の資源状態には回復の兆しが見られているが，北東部の個体群の資源状態は依然として低位のままであるとされる（ICCAT 2009）。南半球の個体群については対象とする漁業がなく，はえ縄漁業等での混獲が主であり，ウルグアイ沖（Pons and Domingo 2009）や，ニュージーランドの排他的経済水域（Griggs and Baird 2013）では，混獲データに基づくCPUE（釣り針1,000針あたりの漁獲量または尾数）が減少傾向にあることが報告されている。提案書では，これらの情報に基づき，肉やフカヒレの国際取引規制が資

---

*4：Cortés *et al.*（2010）では，内的自然増加率（r）をproductivity（生産力）と表現している。内的自然増加率とは，移出入がなく，出生率と死亡率が一定で増殖を抑制する要因が何もないときの個体群の増加率のこと。世代時間が長く，産仔数が少なく，繁殖開始までの生存率が低いほど，内的自然増加率は低くなり，一度個体数が減少すると回復に時間がかかると考えられる。

源保護に有効であるとしている。

　CoP16に向けたFAOパネル会合（2012年）においては，前回のパネル会合（2009年）と同様に，個体数の減少率が附属書Ⅱへの掲載基準を満たしている点が最終的な判断基準となったが，南半球の個体群の分布と豊度に関する新たな知見が掲載の是非をめぐる議論の大きな争点となった。すなわち，北大西洋の個体群については個体数の減少率が掲載基準に合致している可能性は認めつつ，南半球の個体群の資源状態は不明であり，漁獲圧や分布様式も北大西洋とは異なるため，附属書への掲載は不適当であるとの見解が示されたのである。日本は，南太平洋で行われた様々な調査記録やみなみまぐろ漁業のオブザーバー調査データ，並びにはえ縄漁業の漁獲成績報告書に記録された漁獲資料を取りまとめ，以下の結果をかつお・まぐろ類の地域漁業管理機関（RFMOs）の会議文書として発表した。この分析は，①従来の認識と異なり，南半球の個体群は外洋域に広く分布し，また大洋間で連続して分布すること，②一部の個体はみなみまぐろはえ縄漁業の主な操業域（南限45°S付近）よりさらに高緯度域に分布すること，すなわち，はえ縄漁業の操業域と南半球の個体群の分布域の重なりは，部分的にすぎないこと，③CPUEを標準化した結果，1994～2012年の期間中，一定した減少傾向は見られなかったこと，を示すものであった。個体数の減少が指摘されている北大西洋の個体群については，漁獲圧の大部分が沿岸国に由来していること，漁獲物は国内（特に，EU）で流通する可能性が高いことを考えると＊5，国内消費・流通への規制効果が期待できない国際取引規制よりも，沿岸国による国内漁業管理を徹底し継続させることの方が重要であると考えられる。しかし，北大西洋の個体群の個体数の減少規模は掲載基準に合致し，南半球の個体群の情報については不確実性が大きい（パネル会合時点）という理由で，FAOはニシネズミザメについて附属書Ⅱへの掲載が妥当との評価を下した。

2.2. ヨゴレ

　ヨゴレは，世界の熱帯～温帯域の外洋域に分布するメジロザメ科のサメであり，まぐろはえ縄漁業やまき網漁業で混獲される。高値で国際取引されるフカヒレを目的とした乱獲により，北西大西洋，中西部太平洋の個体群の資源量が大きく減少していること，生産力が低いこと等を理由として，附属書

＊5：EU内での流通は国際商取引とは見なされず，CITESの規制対象とはならない。

表2 かつお・まぐろ類の地域漁業管理機関（RFMOs）によるサメ類の資源保護のための規制一覧[a]

海域	RFMO	管理措置	規制の内容
大西洋	ICCAT [1]	勧告 04-10	漁獲したサメは全量保持（頭・内臓・皮を除く）鰭と魚体を一緒に陸揚げしない場合は，オブザーバーや認証制度により5%ルール[b] を厳守（ヒレの重量比率（%）については科学委員会や作業部会でレビューする）
インド洋	IOTC [2]	決議 05/05	
中西部太平洋	WCPFC [3]	保存管理措置 2010-07（2006-05～）	
東部太平洋	IATTC [4]	決議 C-05-03	利用しない生きたサメの放流を推奨 漁獲量データの提出
大西洋	ICCAT	勧告 09-07	ハチワレは，全量について積載・陸揚げ・転載・取引の一切を禁止，針にかかった場合はすべて適切に放流[c]
		勧告 10-07	ヨゴレは，全量について積載・陸揚げ・転載・取引の一切を禁止
		勧告 10-08	シュモクザメ類は，全量について積載・陸揚げ・転載・取引の一切を禁止，針にかかった場合はすべて適切に放流[d]
		勧告 11-08	クロトガリザメは，全量について積載・陸揚げ・転載・取引の一切を禁止，針にかかった場合はすべて適切に放流[d]
		勧告 15-06	ニシネズミザメは，混獲によって生きて針にかかった場合は速やかに適切に放流
中西部太平洋	WCPFC	保存管理措置 2011-04	ヨゴレは，全量について積載・陸揚げ・転載・取引の一切を禁止，針にかかった場合はすべて適切に放流
		保存管理措置 2013-08-07	クロトガリザメは，全量について積載・陸揚げ・転載・取引の一切を禁止，針にかかった場合はすべて適切に放流
東部太平洋	IATTC	決議 C-11-10	ヨゴレは，全量について積載・陸揚げ・転載・取引の一切を禁止，針にかかった場合はすべて適切に放流
		決議 C-15-04	イトマキエイ亜科[e] は，全量について積載・陸揚げ・転載・取引の一切を禁止，針にかかった場合はすべて適切に放流[f]
インド洋	IOTC	決議 12/09	オナガザメ類は，全量について積載・陸揚げ・転載・取引の一切を禁止，針にかかった場合はすべて適切に放流
		決議 13/06	ヨゴレは，全量について積載・陸揚げ・転載・取引の一切を禁止，針にかかった場合はすべて適切に放流[g]

a: まき網漁業に関連する種については省略。
b: サメのヒレのみを切り取った後魚体を捨てる行為をやめさせるための措置。船上に保持できるヒレの重量をサメ全体の重量の5%以下にするというルール。
c: メキシコの沿岸小型船は，110尾を上限として漁獲を許可。
d: 途上国の沿岸漁業は，国内消費に限り，またTask1データ（漁獲量）を提出することを条件に漁獲を許可。
e: イトマキエイ属とオニイトマキエイ属を含む。
f: 途上国の小規模零細漁業については，国内消費に限り漁獲を許可。
g: 排他的経済水域（EEZ）内で操業する沿岸零細漁業は現地消費に限り漁獲を許可。
1) 大西洋まぐろ類保存国際委員会（International Commission for the Conservation of Atlantic Tunas）
2) インド洋まぐろ類委員会（Indian Ocean Tuna Commission）
3) 中西部太平洋まぐろ類委員会（Western and Central Pacific Fisheries Commission）
4) 全米熱帯まぐろ類委員会（Inter-American Tropical Tuna Commission）

IIへの掲載が提案された。

　ヨゴレの資源状態については，2012年に中西部太平洋まぐろ類委員会（WCPFC）による初めての資源評価結果が報告され，中西部太平洋の個体群の資源量は開発前の資源量の10%未満まで減少していると推定された（Rice and Harley 2012）。この他，北西大西洋（メキシコ湾）の個体群については，豊度が激減しているとの研究論文が発表されているが（Baum et al. 2003, Baum and Myers 2004, Baum et al. 2005），サメ類の資源研究者はこれらの解析に対して，①使用したデータセットは限られた調査地点から収集されたものであり，種の分布域と比較するとごく一部に過ぎず，従って資源全体の資源量の変化を反映していない，②異なる結果を示すデータセットを取り除いている，③解析に重要な影響を与える要因を考慮していない，④資源の減少に係る漁業以外の要因を検討していない，⑤最新の資源評価の結果を引用していない，等の点を指摘している（Burgess et al. 2005a, b）。インド洋においては，いくつかの会議文書でCPUEや水揚げ量の減少傾向が示唆されているが，いずれも時空間的に限定的かつ断片的な情報に基づいており，インド洋全体でヨゴレの資源量が大きく減少しているとする根拠は乏しいと判断される（異なる結果を示す例としては，Ramos-Cartelle et al. 2012; Yokawa and Semba 2012 など）。

　2012年のFAOパネル会合では，メキシコ湾の研究結果とWCPFCの資源評価結果に重きを置き，個体数の減少率が掲載基準に合致していることを理由に，ヨゴレについて附属書IIへの掲載が妥当，との評価が下された。結果の信頼性の問題もさることながら，本種の分布域と減少を示すとされる海域を比べてみると，種全体として"絶滅の危機に瀕している"かどうかは意見が分かれるだろう。科学的根拠が不十分であるという主張は，データ不足の状況と"漁獲圧の大きなインセンティブとされるフカヒレの国際取引の規制が，漁獲圧の減少につながる"との見解に基づく"予防的アプローチ"の下，説得力を失っている。

　資源の減少規模については議論が続いているが，漁業管理サイドとしても資源保護の観点から，大西洋（2010年に勧告），中西部及び東部太平洋（ともに2011年に勧告），インド洋（2013年に勧告）において，ヨゴレの船上保持禁止措置を勧告してきた（**表2**）。船上保持禁止とは，フカヒレや魚体を含む一切の派生物の船内保持・転載・水揚げ等を禁止する，極めて厳しい措置と言える。この規則に従うならば，売買・取引が停止することになるの

で，国際取引規制をする必要性は低いということになる。それにも拘らず，CITES による規制を求める声が続く理由については後（3.）で議論することとしたい。

2.3. シュモクザメ類

アカシュモクザメは，世界の熱帯～温帯の沿岸域に分布するメジロザメ科のサメである。一般的に，シュモクザメ類は沿岸性が強く，集団を作り，出産や摂餌等のために同じ場所を利用する"再帰性"が強い，という特性を持つため，各地域の沿岸域の刺し網・底曳き網等の漁業でまとまって漁獲（混獲）される。アフリカ等の一部の地域では，肉を食用として利用しているが，一般的にはフカヒレの価値の方が高いため，ヒレの国際取引が本種個体群における最大の脅威であるとされる。提案書には，メキシコ湾で漁獲されるシュモクザメ類の漁獲量の他，ブラジルやメキシコ～中米の途上国の様々な漁港における，漁獲量又は水揚げ量や目撃例（回数）の減少が個体数減少の根拠とされている。しかし，漁獲量の減少は必ずしも資源量の減少と同義ではなく，仮に資源が減少傾向にあるとしても減少の程度（例えば，現在の資源量が B_{MSY} *6 を上回るかどうか）は，現時点では判断できていない。資源量の変化を定量的に評価した事例としては，米国で行われたメキシコ湾の"シュモクザメ類"の資源評価結果（Hayes et al. 2009）や，北西大西洋（Baum et al. 2003）と北米沿岸（Myers et al. 2007）のサメ類の資源量変化を推定した科学論文が挙げられる。Baum et al.（2003）は 1986～2000 年にかけて 89％，Myers et al.（2007）は 1972～2003 年にかけて 98％個体数が減少したとの推定を発表しているが，一連の論文の問題点はヨゴレの項で紹介した通りである。Hayes et al.（2009）によれば，北西大西洋沿岸の個体群の豊度は減少傾向を示すものの，1994 年以降は安定したトレンドを示し（ただし，資源量は MSY*6 レベルの 45％），資源状態には回復の兆しが見られるとしている。同論文によれば，資源状態が安定傾向を示す背景には，米国内で厳しいサメ類漁業管理計画が実施されたこと，本種の生産力は沿岸性サメ類 11 種の中でも比較的高いこと，の 2 点が影響している。この結果は，サメ類の持続的利用における漁業管理の有効性を示唆していると言えよう。

2012 年の FAO パネル会合では，利用可能な情報が示す個体数の減少率が

＊6：B_{MSY} などの資源管理の概念や用語については**第 5 章**を参照のこと。

掲載基準に合致しているとして，シュモクザメ類の附属書IIへの掲載が妥当であるとの判断が下された。北西大西洋の個体群については，個体数の減少率が掲載基準に合致しているとしても，中には減少傾向が認められない地域もあり，何より，他の海域については個体数の減少率が掲載基準に合致している根拠があるとは言い難い。提案書によれば，沿岸漁業でシュモクザメ類が多く漁獲（混獲）され，資源の減少が懸念されている中米諸国や，西アフリカ，オマーン，インドネシア等の途上国の中には，国内漁業管理が不十分なため，乱獲や違法操業に歯止めがかからない事例が報告されている。"高い漁獲圧の背景にはフカヒレの国際取引があり，"国内で管理できないので国際取引規制によって管理する"という主張は尤もらしく聞こえるが，タツノオトシゴの事例に見られるように (Christie *et al.* 2011; p. 173「タツノオトシゴ」も参照)，実効性に関する過剰な期待は禁物であろう。

2.4. マンタ属のエイ

マンタ属のエイは，世界の熱帯〜温帯域に分布する大型のエイで，現在のところ3種が知られている。生産力（とりわけ繁殖力）が低いこと，集団で行動すること，個体群のサイズが小さいと推定されていること等から，漁業の影響を受けやすいと言われている。まき網，刺し網，トロールでの混獲量が多いことが知られているが，水揚げ情報がないため，資源評価をはじめ系統的なモニタリング，資源管理は行われていない。その一方で，鰓耙が漢方薬として珍重され，高値で国際取引されることから，主に東南アジアの沿岸域にマンタを狙った漁業が存在する。

個体数の減少の根拠としては，インド洋〜太平洋の国々（メキシコ，インドネシア，フィリピン，インド，スリランカ，モザンビーク等）における，ダイバーによるマンタの目撃頻度や目撃される個体数の減少，マンタ漁業における漁獲尾数の減少とサイズの小型化，漁業者へのアンケート結果等が主体となっている。いずれも，局所的な目撃又は漁獲尾数の減少傾向を示すものであり，環境要因や努力量の時系列変化などの影響を十分に考慮しておらず，資源全体の豊度を議論するに足る情報はない。他のサメ類に比べて，生物学的知見も極めて限られており，従って生産力についても不確実性が大きい。

2012年のFAOパネル会合においては，個体数の減少を示す根拠が曖昧であり，国際取引の具体的なデータがないとして，マンタ属のエイについては

附属書Ⅱへの掲載は支持されなかった。しかし，CoP16 では投票の結果，掲載提案が採択されることとなった。

3. CoP16 の結果が意味するもの

　CoP16 において，商業漁業にかかわりの深いサメ類の国際取引が規制されることが決定した，という事実は「水産資源の利用」において大きな転機となるだろう。一部の漁業国は，「RFMO での資源管理によって，水産資源の持続的利用と保全を達成する」との立場から，掲載提案されている一部の種について留保している。前述の通り，漁業管理サイドとしてもサメ類に関して厳しい管理措置を実施しており，資源評価の動きも加速しているにもかかわらず，国際取引規制による管理が多くの賛同を得たという事実は，何を物語っているのだろうか。一説には，一部の環境保護団体は，漁業管理サイドのこれまでの取り組みに対する不信感から，国際取引規制が資源管理を補完すると喧伝しているとも言われているほか，漁業国においても，サメ類の乱獲が自国周辺海域の生態系に負の影響を及ぼすのではないか，という懸念が広がっているようである。

　歴史を振り返れば，サメ類に関しては，北大西洋のニシネズミザメや北西大西洋のシュモクザメ類，オーストラリアの沿岸性サメ類などの一部の種を除くと，TAC [*7] の設定やサイズ規制・禁漁措置等の具体的な管理措置が実施されてこなかった。この主な理由としては，資源評価や管理の基礎となる種別の漁獲量・混獲量のデータを収集するシステムの整備が遅れていたことが挙げられる。その背景には，①一般的にサメ類は市場価値が低く，統計情報を収集するうえで関係者のインセンティブが低かったこと，②サメ類の中には形態が似ており判別が難しい場合があったり，1つの種に対して様々な地方名があったりして記録の不確実性が大きいこと等が影響している。前述の通り，サメ類は種数が多く生息域の種類も多様であり，様々な漁業で混獲されることから，すべての漁業で漁獲または混獲されるサメ類について，種別の個体数や重量の情報を集めることは生易しいことではない。この様な状況に対して，漁業国でも科学オブザーバーの育成やログブックデータの収集，水揚げ港での調査等を通じて，種別漁獲量や努力量データの収集を実施し，

＊7：TAC については，第5章参照のこと。

徐々にではあるが質量ともにデータの改善が認められている。わが国では，サメ類を漁獲対象とする漁業者自身によって，雌雄別の体長データなどのより詳細なデータ収集が行われており，資源評価に大きく貢献している。

漁業国の意識の変化に関しては，"Fishing down"説（Pauly et al. 1998）に代表される，高次捕食者の除去が海洋生態系に及ぼす影響を論ずる一連の科学論文の存在を無視することはできないだろう（サメ類に関しては，Myers et al. 2007 や Heithaus et al. 2008 など）。これらの論文は，例えば，サメ類が減るとその餌生物 A が増え，さらに A の餌である B という種が減る，という単純な相関関係から因果関係を推論し大胆な仮説を導いているが，その多くは具体的なメカニズムを定量的に把握するまでには至っていない（清田 2010）。一連の論文は，国際的な海洋保護区（MPA）への関心の高まり（第 6 章参照）とともに，相次ぐ MPA の設立にも影響を及ぼしていると考えられる。サメ類においても，その保護を目的として，近年多くの島しょ国が領海域の全部または一部を禁漁区や MPA に設定している[*8]。

このように，サメ類の保全については実効的な漁業管理だけでなく，生態系への配慮が求められるようになっている。

4. おわりにかえて

マグロ類と異なり，約 500 種が報告されているサメ類の資源管理の問題点は，種別漁獲量や生物学的知見などの基礎的情報が限られていることが最大の問題である。前述したとおり，この問題は一朝一夕に解決できるものではなく，各国，さらには個々の漁業関係者に対する地道な capacity building[*9] なくしては改善できないと考える。漁業国の多くは，漁業管理の枠組みやサメ類の保存管理のための国内行動計画（NPOA-sharks）の策定・実施を通じて，この課題に取り組んできているが，今後は国際取引規制の関係者も無関係ではいられないだろう。規制される種の多くが，加工品（フカヒレや切り身など）として輸出入されると予想されるが，検査に際して種判別の問題は依然

---

*8：関心のある読者は，http://www.mpatlas.org/ にて MPA について概観することができる。
*9：能力開発又は能力強化・向上と訳される。人々や組織，社会全体が自助能力を高められるよう，その能力を引き出し，強化し，維持するためのプロセスのこと（http://www.fao.org/3/b-i0765o/I0765ja15.pdf）。

として残っている。

　ワシントン条約による水産資源管理の問題点については，本書や諸貫(2010)に詳述されているように，実行上の課題や実効性の不確実性，さらには関係国の施行能力の限界とそれに伴うIUU漁業*10の拡大等が指摘されている。とは言え，水産資源管理に国際取引規制がそぐわないと主張するには，問題点を指摘するだけではなく，資源（漁業）管理を通じた"生態系保全にも配慮した持続可能な利用"の実績を積み重ねる努力が必要であろう。また，漁業国からCITESに替わる"実効的な管理"に関して建設的な提言を行うことも有効と考える。この様な状況の中，漁業・水産加工の現場でもMSCやMELジャパン等のエコラベル認証の取得を通じて，自分たちの漁業は自分で守るという気運が高まってきているようである。例えば，北東太平洋*11及び北西大西洋（米国）のアブラツノザメ漁業がMSCを，日本では青森県のアブラツノザメを扱う水産加工会社がMELジャパンを取得している。

　サメ類については，フカヒレのみを採取して残りの胴体は投棄する"finning"が依然として横行しているというイメージが払拭されておらず，ボイコット運動によりフカヒレの消費が低迷した結果，魚価が低下し，finningとは無縁の漁業の経営にも深刻な影響を及ぼすに至っている。このような現状に対し，フカヒレに限らない"サメ類の有効利用"の周知徹底・利用拡大を目的として，わが国では気仙沼市を発信地として，サメ肉の付加価値を高めるプロジェクトが立ち上がった。産・学・官と様々な立場の市民がサメ類の有効利用やサメ類の食文化の維持に関心を持つことで，水産資源としてのサメ類の利用のあり方，さらには持続可能な漁業の推進に対する議論が高まることが望まれる。漁業者や研究者も，資源評価や管理のみに囚われず，漁業の多面的機能，即ち漁業活動が生態系の一部として機能し，また，海洋環境や海洋生物資源のモニタリングという点でも貴重な役割を果たしうること（清田 2010），を国内外に発信することで，水産資源とヒトとの新たな関係

＊10：Illegal, unreported and unregurated fishing（違法・無報告・無規制漁業）の略。国際的な資源管理の枠組みを逃れて，違法に操業を行い，かつどこにもその漁獲を報告しない漁業のこと。

＊11：カナダの British Columbia 州のアブラツノザメ漁業が2011年にMSC認証を取得したが，漁業サイドからの申請により2013年10月より保留の状態となっている。

性を提示できるかもしれない。状況を前向きに捉えるならば,漁業管理の成功例を積み重ね,国際世論にアピールするチャンスが残されているとも考えられるのである。

参考文献

Baum, J. K., Myers, R. A., Kehler, D. G., Worm, B., Harley, S. J. & Doherty, P. A. 2003. Collapse and conservation of shark populations in the northwest Atlantic. *Science* **299**: 389-392.

Baum, J. K. & Myers, R. A. 2004. Shifting baselines and the decline of pelagic sharks in the Gulf of Mexico. *Ecology Letters* **7**: 135-145.

Baum, J. K., Kehler, D. & Myers, R. A. 2005. Robust estimates of decline for pelagic shark populations in the northwest Atlantic and Gulf of Mexico. *Fisheries* **30**(10): 27-29.

Burgess, G. H., Beerkircher, L. R., Cailliet, G. M., Carlson, J. K., Cortés, E., Goldman, K. J., Grubbs, R. D., Musick, J. A., Musyl, M. K. & Simpfendorfer, C. A. 2005a. Is the collapse of shark populations in the Northwest Atlantic Ocean and Gulf of Mexico real? *Fisheries* **30**(10): 19-26.

Burgess, G. H., Beerkircher, L. R., Cailliet, G. M., Carlson, J. K., Cortés, E., Goldman, K. J., Grubbs, R. D., Musick, J. A., Musyl, M. K. & Simpfendorfer, C. A. 2005b. Reply to "Robust estimates of decline for pelagic shark populations in the northwest Atlantic and Gulf of Mexico" *Fisheries* **30**(10): 30-31.

Christie, P., Oracion, E. G. & Eisma-Osorio, L. 2011. Impact of the CITES listing of sea horses on the status of the species and on human well-being in the Philippines: a case study (FAO Fisheries and Aquaculture Circular. No.1058), 44 pp. FAO, Rome.

Cortés, E., Arocha, F., Beerkircher, L., Carvalho, F., Domingo, A., Heupel, M., Holtzhausen, H., Santos, M. N., Ribera, M. & Simpfendorfer, C. 2010. Ecological risk assessment of pelagic sharks caught in Atlantic pelagic longline fisheries. *Aquatic living resources* **23**: 25-34.

FAO. 2012. FishStat. http://data.fao.org/database?entryId=babf3346-ff2d-4e6c-9a40-ef6a50fcd422

Griggs, L. H. & Baird, S. J. 2013. Fish bycatch in New Zealand tuna longline fisheries 2006-07 to2009-10. New Zealand Fishries Assessment Report 2013/13, 73 pp.

Hayes, C. G., Y. Jiao & Cortés, E. 2009. Stock assessment of scalloped hammerheads in the western north Atlantic Ocean and Gulf of Mexico. *North American Journal of Fisheries Management* **29**: 1406-1417.

Heithaus, M. R., Frid, A., Wirsing, A. J. & Worm, B. 2008. Predicting ecological consequences of marine top predator declines. *Trends in Ecology and Evolution* **23**(4): 202-210.

ICCAT. 2009. Report of the 2009 porbeagle stock assessments meeting. ICCAT-SCRS/2009/014, 42 pp.
清田雅史. 2010. "持続可能"な漁業と海洋生態系のために:データの活用と多角的議論の重要性. 科学通信 **80**(3): 227-229.
諸貫秀樹. 2010. 海洋生物資源の持続的な利用に向けて - CITES 問題に関連して. 海洋と生物 **32**(1): 10-15.
Myers, R. A., Baum, J. K., Shepherd, T. D., Powers, S. P. & Peterson, C. H. 2007. Cascading effects of the loss of apex predatory sharks from a coastal ocean. *Science* **315**: 1846-1850.
Pauly, D., Christensen, V., Dalsgaard, J., Froese, R. & Torres, F. Jr. 1998. Fishing down marine food webs. *Science* **279**: 860-863.
Pons, M. & Domingo, A. 2009. Standardized CPUE of porbeagle shark (*Lamna nasus*) caught by Uruguayan pelagic longline fleet (1982-2008). International Commission for the Conservation of Atlantic Tunas SCRS/2009/093. Available at http://www.iccat.int/Documents/CVSP/CV065_2010/no_6/CV065062098.pdf
中村雪光. 2006 日本に於けるサメ類の利用・流通の実態調査. 月刊海洋 No.**45**: 200-207.
中野秀樹. 1998. ワシントン条約とサメ. 遠洋 **102**: 2-7.
中野秀樹. 2010. ワシントン条約とサメ掲載提案, 海洋と生物 **32**(4): 317-322.
中野秀樹. 2012. サメ保護問題「サメとワシントン条約」,水産振興 535 号, 64.
仲谷一宏. 2011. サメ-海の王者たち-, 240pp. ブックマン社, 東京.
Ramos-Cartelle, A., Garcia-Cortés, B., Ortíz de Urbina, J., Fernández-Costa, J., González-González, I. & Mejuto, J. 2012. Standardized catch rates of the oceanic whitetip shark (*Carcharhinus longimanus*) from observations of the Spanish longline fishery targeting swordfish in the Indian Ocean during the 1998-2011 period. IOTC-2012-WPEB08-27.
Rice, J. & Harley, S. 2012. Stock assessment of oceanic whitetip sharks in the western and central Pacific Ocean. WCPFC-SC8-2012/SA-WP-06 Rev1.
矢野憲一 1979. 鮫(ものと人間の文化史 35), 292pp. 法政大学出版局, 東京.
Yokawa, K. & Semba, Y. 2012. Update of the standardized CPUE of oceanic whitetip shark (*Carcharhinus longimanus*) caught by Japanese longline fishery in the Indian Ocean. IOTC-2012-WPEB 08-26.

せんば やすこ　国立研究開発法人 水産総合研究センター 国際水産資源研究所

タツノオトシゴ

金子 与止男

　タツノオトシゴ属（Hippocampus）は世界の熱帯から冷温帯の浅海や汽水域に広く分布する魚類である。Lourie et al.（1999）は，タツノオトシゴ属として32種を記載している。その後，新種が次々と発見されており，Froese and Pauly（2015）には54種が記載されている。日本に広く分布しているのはタツノオトシゴ（Hippocampus coronatus）とサンゴタツ（H. mohnikei）で，このほか8種が南日本を中心に分布している。

　国際自然保護連合（IUCN）は，絶滅危惧度合いの評価を，これまで40種について行った。IUCNレッドリスト（第4章参照）によれば，そのうち1種が危機（EN）に，11種が危急（VU）に，1種が低懸念（LC）に，27種がデータ不足（DD）に分類されている（IUCN 2015）。DDが極めて多いということは，タツノオトシゴ類の生息状況はあまりよくわかっていないことを意味している。

タツノオトシゴは漢方薬の「海馬」として人気がある（2009年10月29日香港にて赤嶺淳撮影）

ワシントン条約の場でタツノオトシゴ類が初めて議論されたのは，ケニアのギギリで開かれた第 11 回締約国会議（2000 年）においてであった。この会議に向けてアメリカ・オーストラリアが「タツノオトシゴとその他のヨウジウオ科の種の取引」と題する議論用文書を提出した。つまり条約附属書に未掲載の種を議題に含めたことになる。じつは，第 10 回締約国会議でも未掲載のサメについての文書をアメリカが提出し，その後，サメに関する附属書掲載提案が提出され，最終的に数種のサメが条約対象になった。アメリカ・オーストラリアがタツノオトシゴに関する議題を提出したのは，サメと同じ効果を狙ってのことだと思われる。

　この文書のなかで，取引目当ての過剰漁獲，生息環境の悪化，水質悪化が，タツノオトシゴの脅威になっているとしている。過剰漁獲は，漢方薬などの伝統薬と生きたペット取引用などが原因であるという。

　議論の末，合意された決定は，事務局に対しては，タツノオトシゴの保全専門家によるワークショップ開催のための資金確保に協力すること，生息状況，漁獲量，混獲，取引に関する情報提供を各国に要請することなど，動物委員会に対しては，ワークショップの結果やその他の情報を吟味し，勧告を作成すること，第 12 回締約国会議に生物学および取引状況に関する議論用文書を作成することを求める内容であった。

　この決定にしたがい，2002 年 5 月にフィリピンのセブ島でワークショップが開かれた。第 12 回会議は,同年 11 月にチリのサンティアゴで開かれた。動物委員会は，ワークショップの結果を受けた形で，タツノオトシゴ属のいくつかの種は附属書 II 掲載基準を満たしていること，残りの種も外見が類似していることから，タツノオトシゴ属のすべての種を附属書 II に掲載すべきことを第 12 回締約国会議用文書のなかで勧告した。

　附属書掲載提案は，このチリでの会議において，アメリカが提出した。提案書では，6 種 (*H. comes*, *H. spinosissimus*, *H. barbouri*, *H. reidi*, *H. erectus*, *H. ignens*) が国際取引目的で過剰漁獲されているという基準に合致し，その他の種は類似種規定に合致していることからタツノオトシゴ属すべてを附属書 II に掲載すべきとしている。アメリカ提案は第 1 委員会で審議された。アメリカは，近年タツノオトシゴの取引量が増加していることを指摘するとともに，生息国がいくつかの運用上の問題に対処するため，通常は 90 日後に附属書掲載の効力が発生するのを 18 か月後に延期するという修正を行った。

アメリカ案に対して，EU，フィジー，ケニア，ニュージーランド，ペルーが賛成発言を行った。日本，中国，マレーシア，ロシアが反対した。提案は投票にかけられ，賛成75，反対24，棄権19で可決された。かくして，タツノオトシゴ属の全種が2004年5月15日づけで附属書Ⅱに掲載されることとなった。会議後，日本は，タツノオトシゴ属附属書Ⅱ掲載は科学的根拠が不充分だとして，決定を留保する旨，寄託国であるスイス政府に通知した。

ところで，ナポレオンフィッシュの項（p. 181）でも述べたように，フィリピンは，漁業と水産資源の開発・管理・保全措置を規定した1998年の漁業法の第97項で，条約附属書に掲載されている種，農業省が指定する種の捕獲採取を禁止している。これに違反すると，12年間から20年間の禁固刑と12万ペソ（2015年4月時点で約32万円相当）のいずれか，あるいは両方が科せられることになっている。これについては，上記動物委員会も懸念を有しており，タツノオトシゴ属が附属書Ⅱに掲載された場合，フィリピンなどのように附属書Ⅱの海産種の漁業と取引を禁止している国内法を見直すべきだと第12回会議用の文書のなかで指摘している。

国連食糧農業機関（FAO）は，タツノオトシゴ類の附属書Ⅱ掲載がフィリピンにどのような社会経済的影響を与えているかについての事例研究を行った(Christie et al. 2011)。それによると，附属書Ⅱに掲載されたことにともない，フィリピンの法律で漁獲を禁止したにもかかわらず，タツノオトシゴの漁獲は依然続いており，おそらく増加さえしているという。政府職員のなかには，職員数不足から，禁止を解除したとしても，無害証明（NDF）やモニタリング，管理をおこなうことが困難であるから，禁止を続けるべきだと考えているものもいるという。FAOの報告書は，条約そのものと附属書掲載提案国は，海産種の提案を提出する場合は，こうした状況にも配慮すべきだと指摘している。

国際取引の主なものは，水族館やペット用の生きたタツノオトシゴおよび漢方薬用の乾燥したタツノオトシゴ（p. 173写真参照）である。CITES Trade Database（www.unep-wcmc-apps.org/citestrade）をもとに，2010年の取引状況をみてみよう。生きたタツノオトシゴは，2010年には少なくとも10万800尾以上が国際取引の対象であった。最大の輸入国はアメリカで全体の約50％を占め，イギリスとフランスもそれぞれ約10％，9％となっている。乾燥したタツノオトシゴが量的にどの程度，国際取引されているか把握する

ことはむずかしい。輸出許可書に記されている単位がまちまちだからである。重量が単位となっている輸出許可書だけを対象に合計すると，約 25 トンとなった。輸入量の最も多いのが香港で，全体の約 4 割を占めていた。

文献

Christie, P., Oracio, E. G. and Eisma-Osorio, L. 2011. Impacts of the CITES listing of seahorses on the status of the species and on human well-being in the Philippines: a case study. FAO Fisheries and Aquaculture Circular. No. 1058. FAO. 44 p.

Froese, R and Pauly, D. 2015. FishBase. www.fishbase.org. Downloaded on 11 April 2015.

IUCN. 2015. IUCN Red List of Threatened Species. Version 2015.4. www.iucnredlist.org.. Downloaded on 30 Dicember 2015.

Lourie, S. A., Vincent, A. C. J. and Hall, H. J. 1999. Seahorses – an identification guide to the world's species and their conservation. Project Seahorse, Lodndon, UK. 213 pp.

かねこ よしお　岩手県立大学総合政策学部

チョウザメ目

金子 与止男

　チョウザメ目は，今から2億5000年前の三畳紀には存在していたことが知られている原始的な分類群である。チョウザメ科25種とヘラチョウザメ科2種の合計27種からなっている。遡河性であるチョウザメ目魚類は，ユーラシアから北米まで北半球の温帯地方を中心として，河川，湖沼，海域に生息している。チョウザメ類は，肉が利用されているほか，その卵の塩漬けはキャビアとして人気があり，その多くが漁獲の対象である。

　しかし，生息状況が悪化していることが懸念されており，国際自然保護連合（IUCN）のレッドリストでは，27種のうち23種が絶滅危惧種（threatened）に分類されている。その内訳は，深刻な危機（CR）が17種，危機（EN）が2種，危急（VU）が4種となっている。つまり，チョウザメ目の実に85%もの種が絶滅危惧種ということになる。

　ワシントン条約の掲載状況をみてみよう。1973年の特命全権会議で採択

チョウザメ類はキャビアだけでなく魚肉も利用される（2006年12月20日撮影）

された附属書には4種のチョウザメ類が掲載されていた。ウミチョウザメ (*Acipenser brevirostrum*) とタイセイヨウチョウザメ (*A. oxyrhynchus*) が附属書Ⅰに，バルチックチョウザメ (*A. sturio*) とミズウミチョウザメ (*A. fulvescens*) が附属書Ⅱであった。1979年には，タイセイヨウチョウザメが附属書Ⅰから附属書Ⅱに移行した。1983年になると，ミズウミチョウザメが附属書から削除されるとともに，バルチックチョウザメが附属書Ⅱから附属書Ⅰに移った。これにより，附属書Ⅰにはウミチョウザメとバルチックチョウザメが，附属書Ⅱにはタイセイヨウチョウザメが掲載されるに至った。

それから約10年後の1992年の京都会議では，アメリカがヘラチョウザメ (*Polyodon spathula*) を附属書Ⅰに掲載する提案を提出し，審議の結果，附属書Ⅰではなく附属書Ⅱ掲載が決まった。1997年の第10回締約国会議がジンバブエのハラレで開かれ，そこで未掲載のチョウザメ目魚種をすべて附属書に掲載するというドイツ・アメリカ共同提案が審議された。シベリアチョウザメ (*A. baerii*)，ロシアチョウザメ (*A. gueldenstaedtii*)，フナチョウザメ (*A. nudiventris*)，ホシチョウザメ (*A. stellatus*)，オオチョウザメ (*Huso huso*) の4種は生息状況にもとづき附属書Ⅱに，そのほか18種は類似種規定により附属書Ⅱに載せる提案であった。ドイツ・アメリカ提案には，附属書Ⅱ掲載は1998年4月1日まで効力発生を遅らせるという注釈がついたうえで，コンセンサスで採択された。同時にチョウザメの保全に関する決議10.12も採択された。これにより，チョウザメ目27種がすべてワシントン条約対象種となった。

この決議は，チョウザメ類の分布国に対して，科学的調査を進めること，密漁・密輸を防止すること，政府内での省庁間の連携を図ること，分布国間で地域協定の可能性を探ることを求めるものであった。同決議は，輸入国や条約事務局，動物委員会に対してもいくつもの行動を求めている。こうした決議が必要であった背景には，密漁・密輸が続いていること，ソ連の崩壊により重要な分布国が非締約国となったこと，チョウザメ漁業の持続可能性を評価するための科学的研究が必要なことなどがあった。

たとえば，世界のキャビア取引の多くがカスピ海産である。カスピ海を取り巻く国はロシア，カザフスタン，トルクメニスタン，イラン，アゼルバイジャンの5か国で，決議採択時の加盟国はロシアとイランの2か国だけであった。カザフスタンとアゼルバイジャンはその後加盟したが，トルクメニ

スタンは 2015 年 4 月時点で未だ未加盟のままである。
　その後，2000 年にはキャビア識別のための統一ラベル制度に関する決議 11.13 が採択され，2002 年にはこれら両決議を統合し，さらに新しい勧告を加えた決議 12.7 が採択された。決議 12.7 は，2004 年，2007 年，2013 年に改訂され，現行のチョウザメとヘラチョウザメの保全と取引に関する決議となった。このように，チョウザメ目に属する種すべてを附属書に掲載した後，決議の採択と改訂が何度もなされたことは，附属書掲載による規定をどのように履行し，取り締まるのか，なかなか容易ではないことを示している。
　高橋（2010）は，チョウザメ類のワシントン条約での取り組み，各国の漁獲量，日本の取引と管理措置などについて，詳細に論考している。それによると，キャビアの輸入量は，EU 諸国が全体の半分近くを占め，アメリカ，スイスに続いて 4 位の地位にあり，全体の 1 割程度を輸入しているという。近年，宮崎県水産試験場ではシロチョウザメ（*Acipenser transmontanus*）の完全養殖に成功し，大量の稚魚を安定的に供給できる体制を整えた。これは，キャビアの大量生産の途を開くものであり，そうなった場合，日本からの養殖チョウザメのキャビア輸出の可能性も考えられる（高橋 2010）。日本は，決議 12.7 で勧告された種々の制度を取り入れていなかったが，2015 年 9 月 18 日づけで経済産業省と水産庁は同決議に沿って，①キャビアの製造をおこなう施設等（養殖場を含む）を登録し，②キャビアを入れる容器に再使用不可能なラベルを貼付するという制度を導入した。

文献

高橋そよ. 2010. ワシントン条約と水産資源の保全. 海洋と生物 **32**(4): 323-330.

かねこ よしお　岩手県立大学総合政策学部

ナポレオンフィッシュ

金子 与止男

　メガネモチノウオの別名のあるナポレオンフィッシュ（Cheilinus undulatus）はベラ科の魚で，インド洋と太平洋の熱帯・亜熱帯のさんご礁域に広く分布している。日本では，主に南西諸島のさんご礁域に生息する。ベラ科では最大の魚で，大きいものでは全長 2 m，体重 200 kg に達することがある。大きさとともに頭部の特異な形状からダイバーに人気があり，各地の水族館でも飼育されている。その肉は香港および中国，台湾，シンガポールなどで超高級食材として珍重され，とくに香港や広東州は一大消費地となっている。香港にはインドネシア，マレーシア，フィリピンなどから活魚の状態で輸出されている。

　ナポレオンフィッシュが CITES で最初に議論されたのは，2002 年にサンティアゴで開催された第 12 回締約国会議においてであった。アメリカがナポレオンフィッシュを附属書 II に掲載する提案を提出し，第 1 委員会で審

石垣島の亜熱帯研究センターで飼育されているナポレオンフィッシュ（2005 年 7 月 13 日撮影）

議されたのである。漁獲量が持続可能なレベルを超えており，個体数も減少しているというのが提案の理由であった。アメリカからの説明に対し，EUとカナダが賛成し，日本，マレーシア，ロシアが反対した。日本は秘密投票を求め，投票の結果，賛成 65，反対 42，棄権 5 となり，賛成票が採択に必要な 3 分の 2 に達しなかったため，提案は否決された。

　第 13 回締約国会議は，2004 年 10 月にバンコクで開かれた。前回の会議で提案を否決されたアメリカが再度，提案を提出してきた。このときは，フィジー，EU との共同提案であった。インドネシア，ケニア，ノルウェーなどが支持発言するいっぽう，セイシェルが反対した。

　国連食糧農業機関（FAO）ではこの会議から，水産種に関する附属書改正提案が提出された場合，提案を評価するための特別専門家パネルを設置することになっていた。その会合が 2004 年 7 月にローマの FAO 本部で開かれた（FAO 2004）。専門家パネルの構成は，各国から選んだ専門家 12 名と提案書作成者からなっており，これに CITES 事務局員と FAO 事務局員が加わった。専門家パネル会合では，提案が CITES の生物学的附属書掲載基準に合致しているかどうかを科学的な見地から評価し，提案書に書かれている生物学，生態学，取引，管理，保全効果に関する技術的側面についてコメントすることが目的であった。ナポレオンフィッシュについては，FAO 専門家パネルは，利用できる証拠にもとづけば，高い脆弱性，低い生産性，種の分布域の大半で漁獲の及ぼす広範かつ重大な影響から，附属書 II に掲載する基準を満たしていると結論づけ，第 13 回締約国会議でその旨，報告した。

　上述のようにセイシェルが反対発言を行ったものの，第 1 委員会の議長がコンセンサス採択を求め，投票にかけられることなく，提案が採択された。その結果，2005 年 1 月 12 日に附属書 II 掲載の効力が発生した。なお，提案書を作成したのは，香港大学教授の Yvonne Sadovy 女史であることがわかっている。彼女は，さんご礁域に生息する魚類，とくにハタの仲間を研究している海洋生物学者であり，国際自然保護連合（IUCN）種の保存委員会（SSC）のハタ・ベラ専門家グループの共同委員長を務めている。

　ところで，ナポレオンフィッシュは IUCN のレッドリスト（**第 4 章参照**）に絶滅危惧種として掲載されている。古い掲載基準に準拠した 1996 年評価では，Vulnerable（VU）であった。2004 年 4 月 30 日に現行の掲載基準への当てはめ評価が行われ，分類されたカテゴリーは Endangered（EN）となった。

CITES 第13回締約国会議での附属書改正提案提出締め切りが同年5月であったことから，これに合わせて再評価が行われたと推量される。

　ナポレオンフィッシュは2005年初めにCITESの対象種になったが，その5年後，それまで主要な輸出国であったインドネシアが，2010年3月にドーハで開かれた第15回締約国会議に向けて，審議用の文書を提出した。「ナポレオンフィッシュ，IUU漁業に対抗するために必要な追加管理措置」という題名の文書である。ここでIUU漁業とは，違法・無報告・無規制漁業を意味する。この文書を提出した背景は下記のとおりである。

　ナポレオンフィッシュが附属書IIに掲載された後も，IUU漁業により漁獲されたナポレオンフィッシュが，インドネシア，マレーシア，フィリピンから香港に違法に輸出されていた。香港には船で持ち込まれ，船倉に隠されていたり，ほかの魚と混じっていたり，香港には無数の船が行き来するなど，CITESの決定を実行することが困難であった。また，条約上，附属書II掲載種の輸出に当たっては，輸出が種の生存に悪影響を及ぼさないことを証明する必要がある。この手続きは無害証明 (non-detriment findings; NDF) と呼ばれる。人的金銭的資源の乏しい途上国にはかなりの負担になろう。こうした状況に対処するために，いくつものワークショップや研究が行われたが (Anon 2010, Gillett 2010, Oddone et al. 2010, Sadovy et al. 2007)，充分な効果を発揮するまでには至らなかった。

　そこで，インドネシアは船による輸送はコントロールが難しいことから，飛行機による輸送しか認めない措置を独自に採用した。同様なことをほかの国も実行するように，というのがインドネシアの提出した文書の主旨である。この文書が審議され，3つの決定が採択された。まず，輸送手段を飛行機だけに限定するよう検討すること，輸送される魚のなかにナポレオンフィッシュがいないかどうか厳重に検査することなどが締約国に求められた。常設委員会には，ナポレオンフィッシュ作業部会を設置し，該当する締約国がこの決定を履行するためにとった行動をレビューし，取り締まりをより実効性のあるものにするべく努めるとともに，第16回締約国会議で報告することが求められた。また，CITES事務局は，能力構築活動を支援するとともに，生きたナポレオンフィッシュを没収した場合の処遇について締約国を支援することとされた。

　2013年にバンコクで開かれた第16回締約国会議では，ナポレオンフィ

ッシュに関するIUU漁業が依然として続いていることが報告された。また，違法取引には適切な取り締まりを行うこと，生息国と輸入国の協力関係を強めること，2016年開催予定の第17回締約国会議でも引き続き議題とすること，IUCNは締約国に協力すること，などが勧告された。

さて，ナポレオンフィッシュは2004年に附属書掲載が決まり，2005年1月に効力が発生した。それにより，ナポレオンフィッシュを輸出するには，輸出国政府のCITES輸出証明書が必要となった。政府が許可すれば，輸出可能ということである。ナポレオンフィッシュの主要輸出国はそれまでインドネシア，フィリピン，マレーシアであった。このうち，フィリピンは，漁業と水産資源の開発・管理・保全措置を規定した1998年の漁業法の第97項で，CITES附属書に掲載されている種，農業省が指定する種の捕獲採取を禁止している。これに違反すると，12年間から20年間の禁固刑と12万ペソ（2015年4月時点で約32万円相当）のいずれか，あるいは両方が科せられることになっている。つまりCITESの規定より厳しいのだ。しかし，漁師が漁獲したナポレオンフィッシュを素直に放流するかどうかはなはだ疑問である。海で違法漁獲したナポレオンフィッシュをそのまま船で香港に輸送すれば大金が手に入るからである。

第13回締約国会議でアメリカが提出した提案書によると，飼育下での人工繁殖はむずかしく，近い将来，商業レベルで成功する可能性はきわめて低いらしい。「養殖」とされているのは，稚魚を野外から漁獲し，大きくなるまで飼育する，いわゆる蓄養であり，稚魚の漁獲はナポレオンフィッシュ個体群への大きな脅威であるという。なお，石垣島にある水産総合研究センター西海区水産研究所亜熱帯研究センターでは，2008年より飼育個体が自然産卵を開始し（p.181写真参照），飼育技術の開発が進められている（町口2011）。

引用文献

Anon. 2010. Workshop report on the trade of *Cheilinus undulates* (Humphead wrasse / Napoleon wrasse) & CITES implementation. 73 pp. IUCN.

FAO. 2004. Report of the FAO ad hoc expert advisory panel for the assessment of proposals to amend Appendices I and II of CITES concerning commercially-exploited aquatic species (FAO Fisheries Report No. 748), 51 pp. FAO, Rome.

Gillett, R. 2010. Monitoring and management of the humphead wrasse, *Cheilinus*

undulatus (FAO Fisheries and Aquaculture Circular. No. 1048). 62 pp. FAO, Rome.
IUCN/SSC. 2006. Development of fisheries management tools for trade in humphead wrasse, *Cheilinus undulatus*, in compliance with Article IV of CITES, 36 pp. CITES Secretariat.
町口裕二 2011. 亜熱帯の新規増養殖対象種「メガネモチノウオ」の種苗生産を目指して. 西海せいかい No9: 6.
Oddone, A., Onori, R., Carocci, F., Sadovy, Y., Suharti, S., Colin, P. L., and M. Vasconcellos. 2010. Estimating reef habitat coverage suitable for the humphead wrasse, *Cheilinus undulatus*, using remote sensing (FAO Fisheries and Aquaculture Circular. No. 1057), 27 pp. FAO, Rome.
Sadovy, Y., Punt, A. E., Cheung, W., Vasconcellos, M., Suharti, S. and Mapstone, B. D. 2007. Stock assessment approach for the Napoleon fish, *Cheilinus undulatus*, in Indonesia: A tool for quotasetting for data-poor fisheries under CITES Appendix II Non-Detriment Finding requirements (FAO Fisheries Circular. No. 1023), 71 pp. FAO, Rome.

かねこ よしお　岩手県立大学総合政策学部

ナマコ

赤嶺 淳

はじめに

　ナマコ類がCITESの俎上にのぼったのは，2002年11月，第12回締約国会議（CoP12）であった。以来，10年強を経て，2013年3月に開催されたCoP16において，「各国の責任において管理する」ことが確認され，CITESにおける「ナマコ問題」は，一応の解決をみた。

　わたしは，1997年以来，東南アジアと日本において乾燥ナマコの生産と流通に関する調査を，また香港や中国において乾燥ナマコの消費に関する調査をおこなってきた。その過程で，「CITES問題」に出会い，2007年に開催されたCoP14以降のCoPと動物委員会（AC）に参加してきた。期せずして国連食糧農業機関（FAO）が2003年と2007年に開催したナマコに関する専門家会議にも招聘されもした。世界にナマコ類の研究者は決して少なくはないが，CITESとFAOの両方の関係会合に参加しえた研究者はごくわずかである。本稿では，こうした国際会議の参与観察をもとに，CITESにおけるナマコ問題の推移をまとめ，CITESにおける水産資源管理の課題を整理してみたい[*1]。

問題の発端と経緯

　CoP12で米国は，「クロナマコ科とマナマコ科のナマコ類の貿易」（Trade in sea cucumbers in the families Holothuridae and Stichopodidae）と題した文書で「ナマコ類を附属書Ⅱに記載することが，ナマコ資源の保全に貢献するか否かを議論しよう」という問題提起をおこなった（提案は2002年8月30日）（CoP12 Doc.45）。これを受け，ナマコ資源の利用実態を明らかにするためのワークショップを開催することが決定し，その成果を次回CoP13（2004年10月）までに吟味することがACに義務づけられた（決定12.60）[*2]。

[*1]：CITESにおけるナマコ問題の詳細は，赤嶺 2005, 2010a, 2010b, 2013を参照のこと。なお，本稿は，上記の論考と部分的に重複していることをお断りしておく。

第19回動物委員会（AC19, 2003年8月）でワークショップの詳細が議論され（AC19 Doc.17）, 2004年3月に「クロナマコ科とシカクナマコ科のナマコ類の保全に関する専門家会議（Technical Workshop on the Conservation of Sea Cucumbers in the Families Holothuridae and Stichopodidae (Decisions 12.60 and 12.61)）」と題したワークショップがマレーシアの首都・クアラルンプールで開催された（以下,「KL会議」と記す）。

KL会議の開催にあたり, ACは, 水産業者, 輸出入国, FAOなどの政府間機関（IGO）, 問題に精通したNGOの代表に加え, 専門家を招聘することとし, 輸出国に関しては年間5トン以上の乾燥ナマコを輸出した実績をもつ28か国・地域からの参加を想定していた（AC19 Doc.17: 3）*3。しかし, 実際には米国, 中国, 日本をはじめ13か国32名の政府代表者, 政府間機関としてFAOと太平洋共同体事務局（SPC: Secretariat of the Pacific Community）からそれぞれ1名, NGOとしてTRAFFICから4名とWorldFishから1名の計5名, そのほかの専門家として12名, ACからアジア代表と代表代理の2名, CITES事務局から2名の合計55名がKL会議に参加するにとどまった。

参加した研究者のうち, わたしともう1名の社会人類学者（豪州人）以外は, いずれも生物学者であった。水産業界からは, オーストラリア北部でナマコ漁を展開するタスマニア・シーフーズ社（Tasmanian SeaFoods Pty. Ltd.）から3名が参加していただけである。残念なことにシンガポールや香港からの問屋や仲買商といった流通関係者は皆無であった。

わたしにとって印象的だったのは, 生物としてのナマコについては分類学（taxonomy）上の論争が活気を帯びた一方で, 「乾燥ナマコは同定できない」ことで科学者の意見が一致したことである。

CITESの附属書II掲載種には, 類似種（look-alike species）措置が適用される。掲載種と外見上の区別がつきにくい場合, 類似種として包括的に規制を受けることが許されるというものだ。つまり, （商品価値の高い）数種のナマコ

---

* 2：CITESでは, 会議の決定事項にDecisionとResolutionとがあり, 日本語訳としては, 前者に「決定」, 後者に「決議」をあてている。
* 3：2000年度に乾燥ナマコを5トン以上輸出したのは, オーストラリア, カナダ, チリ, キューバ, エクアドル, フィジー, 香港, インドネシア, 日本, キリバス, マダガスカル, マレーシア, モルディブ, ニュージーランド, パプア・ニューギニア, フィリピン, セイシェル, シンガポール, ソロモン諸島, 南アフリカ, スリランカ, 台湾, タンザニア, タイ, UAE, 米国, バヌアツの28か国・地域であった（AC19 Doc.17: 3）。

ニューヨーク市の中華街で売られていたフスクス。エクアドル（厄瓜多尔）の深海でとれた刺ナマコとある（2006 年 8 月 2 日　筆者撮影）

が掲載された場合，通関現場の監督者が附属書掲載種とそうでない種との区別がむずかしいと判断した場合には，類似種措置によってナマコ類全体が規制されうるのである。だから，乾燥ナマコの分類こそが大切なはずである。

　こうした問題点はあったものの，TRAFFIC の支援もあり，会議自体は充実したものであった。しかし，決定 12.60 が AC に課したように，AC には同年 10 月に予定されていた CoP13 で，KL 会議の成果を報告する時間的余裕はなかった。結局，KL 会議開催後 1 か月足らずで開催された AC20（2004 年 3～4 月，ヨハネスブルグ）において，米国が CITES 事務局と協力して KL 会議の報告書を作成することが決定された（AC20 Summary report: 22）[*4]。

　CoP13 では，判断材料が不足していたためにナマコ問題は進展しなかった。そこでエクアドルは AC に対して CoP14（2007 年 6 月）までに議論のたたき台を作成しておくことを要請し（Co13 Doc.37.2），決定 13.48 として採択された。その原案を作成するにあたり，AC21（2005 年 5 月，ジュ

[*4]：AC20 で合意された KL 会議の報告書は，Bruckner ed.（2006）を参照のこと。レターサイズ判 244 頁におよぶ報告書は NOAA の刊行物として出版された。

ネーブ）では，KL会議に加え，FAOが2003年10月に中国の大連市で開催していた「ナマコ類の養殖と管理の向上に資するワークショップ（ASCAM: Workshop on Advances in Sea Cucumber Aquaculture and Management）」の成果（Lovatelli et al. eds. 2004）もあわせた評価をコンサルタントに委託することになった（AC21 WG5 Doc.1）。

翌2006年7月に開催されたAC22においてA4判28頁におよぶ資料が配布された（AC22 Doc.16）。その1年後に開催されたCoP14では，作業部会が設けられ，あらかじめACが作成していた決定案（CoP14 Doc. 62 Annex 2）についての修正がおこなわれた*5。CoP14での決定では，締約国に対して漁業者の生計も考慮することが義務づけられたし（決定14.98），ACに対してFAOが開催予定のナマコ資源の持続的利用に関するワークショップの成果を吟味することが課された（決定14.100）。

このFAOによるワークショップは，2007年11月19〜23日に「ナマコ類資源の持続的利用とナマコ漁の管理のためのFAO専門家会議」（FAO Technical Workshop on Sustainable Use and Management of Sea Cucumber Fisheries）と題してガラパゴス諸島のプエルト・アヨラで開催され，『ナマコ──漁業と貿易に関するグローバルな展望』と題した報告書が2008年末に公刊された（Toral-Granda et al. eds. 2008）*6。

本報告書の出版を受け，2009年4月に開催されたAC24においてナマコ問題に関する作業部会が開催された*7。同作業部会では，まず，①FAOのガラパゴス会議の中心課題がCITESの附属書掲載をめぐる可否にあったわけではなく，より広義の資源管理の方策にあったこと，②そのため同報告書に

──────────

*5：ナマコ保全作業部会の構成は，中国，エクアドル，フィジー，アイスランド，インドネシア，日本，ノルウェー，韓国，米国に，オブザーバーとして政府間機関のFAO，東南アジア漁業開発センター（SEAFDEC），NGOのIWMC World Conservation Trust, Species Management Specialists, TRAFFICが参加した。議長はEUから選出され，開催国オランダの外務官僚がその任にあたった（CoP14 Com. I, Rep.2 (Rev.1), p. 2）。
*6：この会議の成果物には，Purcell（2010）とFAO（2010），Purcell et al.（2012）がある。なお，FAOによる一連のワークショップとその出版物は，日本政府からFAOへの信託基金によっている。
*7：ナマコ作業部会に参加したのは，カナダ，中国，日本，サウジアラビア，米国の5か国と政府間機関である欧州委員会（European Commission）にNGOのアーストラスト（Earthtrust），スワン・インターナショナル（SWAN International），TRAFFICの3団体で，議長は米国商務省のナンシー・デイビス（Nancy Daves）氏が務めた。なお，スワン・インターナショナルは台湾政府がCITESに参加するためのNGOである。

はCITESの附属書掲載についての提言が直接的になされていないことの2点が確認され，そのうえで③ナマコ作業部会として同報告書の評価はくだしがたいとの結論にいたった。しかし，ガラパゴスの事例を分析した論文「ガラパゴス諸島——ラテンアメリカ・カリブ地域でナマコ漁の問題が表面化している海域 (Galapagos Islands: a hotspot of sea cucumber fisheries in Latin America and the Caribbean)」は検討に値するので，「FAOの報告書とともに同論文についての要約を行うこと」をCITES事務局に提案した（AC24 WG6 Doc.1)。

ガラパゴス諸島のナマコ利用に関する上記論文の著者であるトラル＝グランダ氏は，AC22における議論のたたき台を作成した研究者である（彼女は，後述する1995年に勃発した「ナマコ戦争」の体験者である)。同論文において彼女は，「違法操業や密輸についての監視体制がととのっていない状況では，CITESは機能しえない」とし，「エクアドルのような途上国政府にとっては，そうした監視体制の強化も政治経済的な重荷となる」と，CITES附属書掲載についての消極的な展望を述べている (Toral-Granda 2008: 250)*8。

作業部会の報告を受けたAC24でも，ACとしての合意を形成できず，2010年3月にむかえたCoP15でも，ナマコ類の管理問題は，まともな議論もなされないままに継続審議となった。その事情は，つづくAC25（2011年7月）でも同様であった。というのも，ACには，附属書Ⅱに掲載された動物のなかから，とくに大量に取引されている種を監視する仕事（RST: Review of Significant Trade）が課されており，CoPを重ねるごとに増えていく野生動物の国際取引の評価をおこなうだけでも大変なのに，まだ記載されてもいないナマコ類の問題を議論する余裕などなかった*9。

結局，2012年3月に開催されたAC26において，「ナマコ類は各国の責任で管理すること」が確認され，2013年3月のCoP16においてACの提案が原案のまま採択され，10年におよんだCITESにおけるナマコ問題は幕を閉じた*10。

---

*8：トラル＝グランダ氏のインタビューも挿入された「ナマコ戦争」の一部始終は，ガラパゴス諸島のゾウガメ保護活動についてまとめられたルポルタージュ『ひとりぼっちのジョージ』に詳しい (Nicholls 2006, pp.135-156)。
*9：こうした状況について，NOAAの関係者は，「CITESコミュニティからの支援が得られない」とこぼしていた。なお，AC25でのRSTでは，タツノオトシゴ類の評価に多くの時間が割かれることになった（AC25 Doc.9.6)。

ナマコ戦争

　米国は CITES の附属書改定案の提案にあたり，事前に官報（FR: Federal Register）でパブリック・コメントの募集や公聴会の開催を予告することはもちろんのこと，それらの結果をも官報で公表している。CoP12 の 17 か月前の 2001 年 6 月 12 日に刊行された 66 FR31686 を皮切りに，米国は CoP12 に向けた米国提案に関する情報・意見収集を開始した。CoP12 開催までに 6 回広報された官報の 4 通目，2002 年 4 月 18 日の 67 FR 19217-19218 に，「ナマコ類の提案について米国政府は検討中」である旨が短く記載されている。しかし，その理由については触れられていない。したがって，米国政府の意図は，ほかの文書や関係者へのインタビューから推察していくしかない。

　CITES においてサンゴ礁関係の一連の提案をおこなっているのは，米国商務省海洋大気庁（NOAA: National Oceanic and Atmospheric Administration）である。この背景には，クリントン政権下の 1998 年に関係省庁を横断して発足した「サンゴ礁対策委員会（CRTF: Coral Reef Task Force）」が存在している。CRTF は，2000 年 3 月に『サンゴ礁保全に関する国家計画（The National Action Plan to Conserve Coral Reefs）』を刊行しており，NOAA がサンゴ礁資源の国際貿易を担当する旨が明記されている（CRTF 2000）。同計画を受けて NOAA は，サンゴ礁保全計画（NOAA Coral Reef Conservation Program）を立案し，①イシサンゴ目，②タツノオトシゴ類，③ナマコ類の国際貿易を問題視するとともに，④観賞魚を目的とする漁業と⑤（メガネモチノウオのような）食用となる活魚資源の持続的利用の必要性を主張している（NOAA n.d.）*[11]。

　事実，CoP11（2000 年）におけるタツノオトシゴ類をはじめ，CoP12（2002 年）におけるナマコ類やメガネモチノウオなどのサンゴ礁資源の提案は，す

---

[10]：CoP16 において，ナマコ問題の議論の継続をもとめたのは，唯一「種生存のためのネットワーク（SSN: Species Survival Network）」という NGO 連合だけであった。SSN に加盟する動物愛護団体 Humane Society は，「ナマコの乱獲はつづいており，AC は決定で課された義務を果たしていない」と発言した。締約国で反対意見を表明した国はなく，唯一オーストラリアが，南太平洋諸国のナマコ漁の実情に懸念を示しただけであった。脚注[9] で紹介した米国政府関係者がこぼすように，まるで CITES コミュニティは，ナマコ問題に関心をもっていないかのようであった。

*[11]：本情報は，2009 年 3 月 10 日に取得したものである。現在の NOAA のホームページには，この記載はない。

べてが米国によってなされている。わたしは，かつて NOAA に勤務していたサンゴ研究者に，このあたりの事情について訊ねたことがある。かれによると，「調査で毎年のように訪れるインドネシアで，ナマコ類が減っていることに心を痛めていた」と説明してくれた。

守秘義務からか，かれは，それ以上の詳細を語ってはくれなかったものの，かれ自身の個人的経験とは異なるほかの要因もあったものと，推察している。それが，ガラパゴス諸島における「ナマコ戦争」である。

ナマコ戦争とは，米国の環境 NGO であるオーデュボン協会 (National Audubon Society) の喧伝に由来する (Stutz 1995)。この，すぐれて衝撃的なキャッチコピーは，生態系保全を唱え，ナマコ漁の規制を求める環境保護論者とナマコ利用の継続を求める漁師との深刻な対立を形容したものである。

ナマコ戦争の震源となったフスクス・ナマコ (*Isostichopus fuscus*，以後，フスクスとよぶ) は，バハ・カリフォルニア (Baja California) 半島沿岸からガラパゴス諸島にかけての海域に固有のナマコである (Sonnenholzner 1997)。1980 年代後半にエクアドルの南米大陸側でフスクスが採取されるようになった。ひとりあたりの年間所得が 1600 米ドルに満たないエクアドルにおいて，3 人 1 組で 1 日に数百米ドルを稼ぐことのできるフスクス漁に人びとは魅了された (Nicholls 2006)。水深 40 m 以浅の岩礁域に生息するフスクスは，またたく間に獲り尽くされてしまったため，1991 年には南米大陸から 1,000 km も離れたガラパゴス諸島でも同種が採取されるようになった (Camhi 1995; Bremner and Perez 2002; Shepherd *et al.* 2004)。

ナマコ漁が導入された 1990 年代初頭，ガラパゴス諸島への年間の来島者数は 4 万人にも達し，活況を呈する観光業に牽引され，職を求めてガラパゴス諸島に流入するエクアドル人も急増し，島の人口は 1 万人に達しようとしていた。観光が未発達だった 1960 年の人口が 2,000 人強だったことを考慮すると (伊藤 2002)，わずか 30 年間における環境の激変ぶりが実感できる。その帰結としてアリなどの外来生物の移入が顕在化しつつあったところへ，漁民たちが大量に到来するようになった。しかも，ナマコ漁師たちは漁獲後に上陸し，キャンプ地においてナマコの加工をおこなった。伐採したマングローブでナマコを煮炊きした結果，希少種であるマングローブ・フィンチのすみかも荒らされた。また，ナマコを乾燥させるには数週間は必要となる。ナマコの操業期間中，かれらは，ガラパゴスの名称の起源ともなった

ゾウガメまでも食用とした。

　生態系の攪乱に危機感を抱いた大統領は，1992年8月，ガラパゴス諸島におけるナマコ漁を禁止した。突然の禁漁命令に納得しない漁師たちは，密漁をつづけるかたわら，ガラパゴス諸島出身の政治家やナマコ産業関係者たちと協力してエクアドル政府にナマコ漁の再開を懇願した。政府は，資源量把握のための捕獲調査として1994年10月15日から翌年1月15日までの3か月間に55万尾の漁獲を許可した。しかし，2か月間で1,000万尾が漁獲されたと推測され，事態を重視した当局は予定より1か月も早く操業許可を打ち切った。このことに腹をたてた漁民たちは，生態学研究の殿堂であるチャールズ・ダーウィン研究所（CDRS: Charles Darwin Research Station）を封鎖し，環境保護のシンボルであるゾウガメを「質」として立てこもり，その殺戮をほのめかすことにより，政府に抗議したのである。これがナマコ戦争の発端である（Nicholls 2006）。

　とはいえ，ガラパゴス諸島のナマコ戦争と米国政府のCoP12での提案を直接関係づける書類はない（米国がCoP12に提出した文書には，ガラパゴス諸島における違法操業についても，もちろん記述されている（CoP12 Doc. 45: 9-10））。先述したように，米国政府の官報にも，ナマコ提案に関する詳細は記載されていない。わたしが確認できたなかでは，唯一，米国のNGO連合「種生存のためのネットワーク（SSN: Species Survival Network）」が両者を関係づけているだけである。同NGOは，CoP12のために作成した資料で，「非持続的な漁業と貿易によってナマコ類はCITESの監督下におかれるべき種となっており，ガラパゴス諸島のように無秩序な操業によってもたらされる乱獲はもとより，違法貿易と生息環境の劣化を問題視すべき」（傍点筆者）であることを主張し，同会議の参加国代表に米国提案に賛成することを求めていた（SSN 2002: 33）。

　たった1件から断定することは避けたいが，わたしは，「ナマコ戦争」なる衝撃的なネーミングで環境保護論者の耳目を集めたガラパゴス諸島でのナマコ保全の騒動が，NOAAの，ひいては世論を意識する米国の政治家たちの関心を惹いたはずだ，と考えている。

おわりに

　以上，CoP12 から CoP16 にいたる 10 年強にわたって CITES の俎上にあったナマコ類の管理問題についての推移とその背景を略述した（参考までに，表1 に CITES におけるナマコ関連文書の一覧を示しておく）。本稿を終えるにあたり，水産物を CITES で管理することの妥当性について検討しておきたい。

　CITES は，水産物だけではなく，野生生物のすべてを管理する条約である。ナマコ問題が解決にいたるまで 10 年もかかった理由の 1 つは，AC の仕事量がすでにオーバー気味であることに求められるように思われる。各地域から選出される動物委員が，いくら動物学研究の権威であっても，両生類，爬虫類，鳥類，哺乳類の専門家がほとんどであり，AC に魚類の専門家はごく少数である。先述したように AC の主要な任務の 1 つに RST があり，これは脊椎動物・非脊椎動物を含め，かなりの時間を要する作業である。

　通常，CoP は 12 日間，AC は 5 日間の開催となる。わたしは，参加したCoP や AC でさまざまな機会をとらえ，動物委員をはじめ，関係者にナマコ問題についての意見を訊いてまわったが，あまりにも議題が多く，「ナマコなど議論する余裕はない」という声が多かった。わたしが参加した会合のなかでナマコ問題をもっとも集中的に審議した AC24 でさえも，FAO の報告書を事前に入手し，目を通していた委員は皆無であった（317 ページもある報告書なので，当然かもしれないが，報告書をその場で初めて手にした委員も少なくなかった）。こうした状況では，ナマコ類の管理にかぎらず，この手の未掲載種の管理について実質的な議論を AC に期待するには無理があるものと思われる。

　となると，だれが，あるいは，どのような機関が，生物の保全について深く，責任を持って検討しうるのであろうか？　タツノオトシゴ類の場合，プロジェクト・シーホース (Project Seahorse) という NGO が，掲載にも，その後の RST も主導したように，それぞれの動物には，それぞれ適した組織が存在するものと思われる。ナマコ類の場合，残念ながらプロジェクト・シーキューカンバーなる NGO は存在していない。現状では，養殖までを視野にいれた総合的な管理を推進しようとする FAO や各地域の事情に通じた SPCや SEAFDEC のような地域（漁業管理）機関が適しているものと考えられる。

表1 CITESにおけるナマコ関連文書一覧 (筆者作成)

年	月	会合	文書	頁	起草者
2002	11	CoP12	Doc. 45	pp. 28	米国
			Com. I, Rep. 2	pp. 2-3	第1委員会
			Des. 12.60		
			Des. 12.61		
2003	8	AC19	Doc. 17	pp. 5	事務局
			WG9 Doc.1 (AC19 Summary Report)	pp. 65-66	AC
2004	3	KL WS			
	3/4	AC20	Doc. 18	pp. 3	AC
			Inf. 14	pp. 30	AC
			WG7 Doc. 1	pp. 5	AC
	11	CoP13	Doc. 37.1	pp. 5	AC
			Doc. 37.2	pp. 3	エクアドル
			Des. 13.48		
			Des. 13.49		
2005	5	AC21	Doc. 17	pp. 2	AC
			WG5 Doc. 1(Rev. 1)	pp. 2	AC
2006	7	AC22	Doc. 16	pp. 29	事務局
			Inf. 14	pp. 5	Toral-Granda
			Proceedings of the KL WS	pp. 244	Bruckner ed.
2007	6	CoP14	Doc. 62	pp. 33	AC
			Com. I. 1	pp. 2	事務局
			Des. 14.98		
			Des. 14.99		
			Des. 14.100		
			WG6 Doc. 1	p. 1	作業部会
2010	3	CoP15	Des.14.100 (Rev. CoP15)		
2011	7	AC25	Doc. 20	pp. 2	事務局
2012	3	AC26	Doc. 19	pp. 3	事務局
			DG1 Doc. 1	p. 1	
2013	3	CoP16	Doc. 64 (Rev. 1)	pp. 2	AC
			Com. I Rec.3 (Rev. 1)	p. 2	第1委員会

文書名	開催地
Trade in sea cucumbers in the families Holothuridae and Stichopodidae	サンチャゴ
Trade in sea cucumbers in the families Holothuridae and Stichopodidae (working group's draft decision)	
Conservation of and trade in sea cucumbers in the families Holothuridae and Stichopodidae (Decision 12.60)	ジュネーブ
Conservation of and trade in sea cucumbers	
Technical Workshop on the Conservation of Sea Cucumbers in the Families Holothuridae and Stichopodidae (Decisions 12.60 and 12.61)	クアラルンプール
Conservation of and trade in sea cucumbers in the families Holothuridae and Stichopodidae (Decisions 12.60 and 12.61)	ヨハネスバーグ
Conservation of and trade in sea cucumbers in the families Holothuridae and Stichopodidae (Decisions 12.60 and 12.61)	
Conservation of and Sea Cucumbers in the families Holothuridae and Stichopodidae (Decisions 12.60 and 12.61)	
Trade in sea cucumbers in the families Holothuriidae and Stichopodidae	バンコク
Implementation of Decision 12.60	
Sea Cucumbers	ジュネーブ
Sea Cucumbers	
Sea Cucumbers	リマ
Summary of FAO and CITES workshops on sea cucumbers: major findings and recommendations	
Proceeding of the CITES workshop on the concervation of sea cucumbers in the families Holothuriidae and Stichopodidae 1-3 March 2004, Kuala Lumpur, Malaysia.	
Sea Cucumbers	ハーグ
Draft decision of the Conference of the Parties on Sea cucumbers	
Sustainable use and management of sea cucumber fisheries (Agenda item 16).	
Sea cucumbers	ドーハ
SEA CUCUMBERS [DECISION 14.100 (REV. COP15)]	ジュネーブ
SEA CUCUMBERS [DECISION 14.100 (REV. COP15)]-Report of the working group	ジュネーブ
SEA CUCUMBERS [DECISION 14.100 (REV. COP15)] (Agenda item 19)	
Sea Cucumbers	バンコク
Interpretation and implementation of the Convention, Species trade and conservation, 64. Sea cucumbers	

たしかに CITES におけるナマコ戦争は終結した。しかし，2013 年 7 月に IUCN（国際自然保護連合）がマナマコやフスクスなど 7 種を（絶滅，野生絶滅，深刻な危機の次に位置する）危機（EN: Endangered）に，またチブサナマコなど 9 種を危機よりも一段階危機度の低い危急（VU: Vulnerable）に指定したように（IUCN 2013），ナマコ戦争の火じたいは，現在もくすぶりつづけている[*12]。ナマコは，まさに CoP16 で締約国各国が確認した「自国の責任において管理」することが必要なのであり，生産国はもちろんのこと，FAO も，地域漁業管理機関も，その真摯さと真価が問われることになる。

参考文献

赤嶺淳．2005．資源管理は地域から——地域環境主義のすすめ．日本熱帯生態学会ニューズレター **58**: 1-7.
赤嶺淳．2010a．ナマコを歩く——現場から考える生物多様性と文化多様性．新泉社，東京．
赤嶺淳．2010b．ワシントン条約における海産物——タツノオトシゴとナマコのエコ・ポリティクス．海洋と生物 **186**: 16-24.
赤嶺淳．2013．能登なまこ供養祭に託す夢——ともにかかわる浜おこしと環境保全．赤嶺淳（編）グローバル社会を歩く——かかわりの人間文化学，pp. 20-71．新泉社，東京．
Bremner, J. and Perez, J. 2002. A case study of human migration and the sea cucumber crises in the Galapagos Islands. *Ambio* **31**(4): 306-310.
Bruckner, A. W. (ed.) 2006. Proceedings of the CITES Workshop on the Conservation of Sea Cucumbers in the Families Holothuridae and Stichopodidae: 1-3 March 2004 Kuala Lumpur, Malaysia. NOAA Technical Memorandum NMFS-OPR-34. U.S. Department of Commerce, Washington D.C.
Camhi, M. 1995. Industrial fisheries threaten ecological integrity of the Galapagos Islands. *Conservation Biology* **9**(4): 715-724.
CRTF (Coral Reef Task Force). 2000. The National Action Plan to Conserve Coral Reefs. CRTF, Washington D.C.
Food and Agriculture Organization of the United Nations (FAO). 2010. Putting into Practice an Ecosystem Approach to Managing Sea Cucumber Fisheries. FAO, Rome.
伊藤秀三．2002．ガラパゴス諸島——世界遺産 エコツーリズム エルニーニョ（角川選書 340），257 pp．角川書店，東京．
IUCN. 2001. IUCN redlist categories and criteria, version 3.1. IUCN, Gland.〔邦訳：矢原

---

*12：Endangered と Vulnerable の訳語は，矢原徹一と金子与止男による『IUCN レッドリスト　カテゴリーと基準 3.1 版』（2003）の日本語訳に拠った。

徹一・金子与止男（訳）2003. レッドリスト　カテゴリーと基準 3.1 版. 財団法人自然環境研究センター, 東京.

IUCN. 2013. IUCN Red List of Threatened Species. Version 2013.1. http://www.iucnredlist.org

Lovatelli, A., Conand,C., Purcell, S., Uthicke, S., Hamel, J.-F. and Mercier, A. (eds.) 2004. Advances in sea cucumber aquaculture and management. FAO Fisheries Technical Paper 463. Rome: FAO.

Nicholls, H. 2006. Lonesome George: The life and loves of a conservation icon, 231 pp. Macmillan, New York.〔邦訳：佐藤桂（訳）2007. ひとりぼっちのジョージ――最後のガラパゴスゾウガメからの伝言, 298 pp. 早川書房, 東京.〕

NOAA. n.d. International Trade in Coral Reef Resources, http://www.nmfs.noaa.gov/habitat/ead/internationaltrade.htm（2009 年 3 月 10 日取得）.

Purcell, S. 2010. Managing sea cucumber fisheries with an ecosystem approach. FAO Fisheries and Aquaculture Technical Paper 520. FAO, Rome.

Purcell, S., Samyn, Y. and Conand, C. (eds.) 2012. Commercially important sea cucumbers in the world. FAO Species Catalogue for Fishery Purposes 6. FAO, Rome.

Shepherd, S. A., Martinez, P., Toral-Granda, M. V. and Edgar, G. J. 2004. The Galapagos sea cucumber fishery: management improves as stock decline. *Environmental Conservation* **31**(2): 102-110.

Sonnenholzner, J. 1997. A brief survey of the commercial sea cucumber *Isostichopus fuscus* (Ludwig, 1875) of the Galapagos Islands, Ecuador. *SPC Beche-de-mer Information Bulletin* **9**: 12-15.

Species Survival Network (SSN). 2002. CITES Digest, Vol. 3, Issue 3, p. 33.

Stutz, B. 1995. The sea cucumber war. *Audubon* May-June 1995: 16-18.

Toral-Granda, V. 2005. Requiem for the Galapagos sea cucumber fishery? *SPC Beche-de-mer Information Bulletin* **21**: 5-8.

Toral-Granda, V. 2008. Galapagos Islands: a hotspot of sea cucumber fisheries in Latin America and the Caribbean. *In*: Toral-Granda, V., Lovatelli, A. and Vasconcellos, M. (eds.), Sea cucumbers: a global review of fisheries and trade, pp. 231-253. FAO, Rome.

Toral-Granda, V., Lovatelli, A. and Vasconcellos, M. (eds.) 2008. Sea cucumbers: a global review of fisheries and trade. FAO Fisheries and Aquaculture Technical Paper 516. FAO, Rome.

あかみね じゅん　一橋大学大学院 社会学研究科

ケーススタディ
宝石サンゴ
林原 毅

はじめに

　我が国は宝石サンゴの数少ない生産国の1つである。宝石サンゴはその漁業のみならず，伝統工芸とも結びついた加工・流通など関連地場産業の裾野が広い点で，べっ甲（タイマイ）とは共通性がある。タイマイは，ワシントン条約の発効時から国際取引が規制され，留保していた我が国も1992年をもってタイマイの甲羅の輸入を禁止した（金子2006）。

　我が国に産する宝石サンゴ類が対象となったワシントン条約（CITES）附属書掲載の提案は，2007年の第14回締約国会議（CoP14），2010年の第15回締約国会議（CoP15）と過去に2回あり，いずれも否決されてはいるが，宝石サンゴの国際取引規制による保護という方向性には，国際的に一定の賛同が寄せられていることは確かである。宝石サンゴの置かれている現状，ワシントン条約附属書掲載提案の経緯，今後の課題等について述べてみたい。

宝石サンゴとは何か

　宝石サンゴとは刺胞動物のうちクラゲやイソギンチャクなどとは異なり，骨軸や骨格を有し，それが宝飾品やアクセサリーなどに加工して利用できる

表1 宝石サンゴ（ヤギ目サンゴ科）の種（CITES-Sweden-USA（2009）の提案書を一部改変）
実際にはこのほかにも複数種が知られている。■■部7種が商業的に利用されている種。

種	分布	生息水深 (m)	文献
Corallium abyssale	ハワイ		Bayer, 1956
C. borneense	ボルネオ		Bayer, 1950
C. ducalee	東太平洋メキシコ		Bayer, 1955
C. elatius (モモイロサンゴ)	西太平洋（フィリピン北部〜日本・台湾）、モーリシャス、パラオ	150〜330	Ridley, 1882
C. halmaheirense	インドネシア		Hickson, 1907
C. imperiale	東太平洋（バハカリフォルニア）	600	Bayer, 1955
Paracorallium inutile	日本、トンガ	100〜150 300〜350	Kishinouye, 1903 Harper, 1988
P. japonicum (アカサンゴ)	日本周辺の西太平洋（沖縄、小笠原）、バヌアツ	80〜300 250〜450	Kishinouye, 1903 Harper, 1988
C. johnsoni	北東大西洋		Gray, 1860
C. kishinouyei	東太平洋		Bayer, 1996
C. konojoi (シロサンゴ)	西太平洋（日本〜フィリピン北部、パラオ、海南諸島、ソロモン諸島）	50〜200 262〜382	Kishinouye, 1903 Harper, 1988
C. lauuense (*C. regale*)	ハワイ	390〜500	Bayer, 1956
C. maderense	東大西洋		Johnson, 1898
C. medae	西大西洋（ハテラス岬〜フロリダ海峡）、ブラジル沖海山	380〜500	Bayer, 1964 Castro et al., 2003
C. niobe	西大西洋		Bayer, 1964
P. nix	ニューカレドニア	240	Bayer, 1996
C. reginae	インドネシア		Hickson, 1905
C. rubrum (ベニサンゴ)	地中海および東大西洋（ギリシャ、チュニジア、コルシカ、サルディニア、シチリア、ポルトガル、モロッコ、カナリーおよびベルデ岬諸島）	5〜300	Linnaeus, 1758 Weinberg, 1978
C. salomonense	チャゴス諸島、インド洋	217〜272	Bayer, 1993
C. secundum	西太平洋（ハワイ周辺、天皇海山、日本、台湾、海南諸島） 著者注：ハワイ以外の分布情報は疑わしい（引用元不明）	230 350〜500	Dana, 1846 Grigg, 2002
P. stylasteroides	モーリシャス、西サモア	136 350〜360	Ridley, 1882 Harper, 1988
C. sulcatum	日本		Kishinouye, 1903
P. thrinax	ニューカレドニア	240	Bayer, 1996
P. torruosum	ハワイ（パイロロ海峡）、トンガ	153〜173 325	Bayer, 1956 Harper, 1988
C. tricolor	東大西洋		Johnson, 1898
C. sp. nov.	ミッドウェー島〜天皇海山	700〜1,500	Grigg, 1982

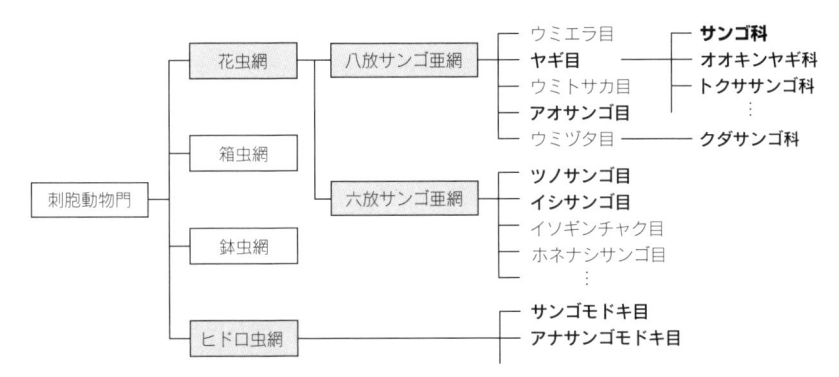

図1 刺胞動物門におけるいわゆる「サンゴ類(中太字)」と「狭義の宝石サンゴ(太字)」の分類上の関係

ものの総称である(刺胞動物門の大分類を**図1**に示す)。広義には,俗にウミマツ(海松:花虫綱六放サンゴ亜綱ツノサンゴ目ウミカラマツ科)やウミタケ(海竹:花虫綱八放サンゴ亜綱ヤギ目トクササンゴ科)と呼ばれるものなども含むが(**図1**),ここでは,CoP15で附属書IIへの掲載が提案された,ヤギ目サンゴ科に属するものを宝石サンゴと称する(狭義の宝石サンゴ)。サンゴ科は *Corallium* 属と *Paracorallium* 属の2属からなり,30余種が知られているが,一般的に利用されているのはこのうちの7種とされている(**表1**)。**表1**を見ると分かるように,ベニサンゴを除く6種は太平洋に産し,アカサンゴ,シロサンゴ,モモイロサンゴの3種はもっぱら日本周辺で産出している。その他の3種はハワイ諸島や公海域の天皇海山群で採取されてきた。なお,近年,ヤギ目はウミトサカ目に包括するのが一般的であるが,ここでは附属書掲載提案書の記述に従いヤギ目を独立した分類群として扱っている。

さんご漁業の歴史と現状

地中海のベニサンゴは,古代より魔除けや医薬品として利用されていたが,やがて宝飾品として重要な位置を占めるようになった。正倉院に納められている珊瑚の宝物も,胡渡りと呼ばれるように,ヨーロッパからシルクロードを経て伝わったものである。12世紀になって,インジェーニョと呼ばれるさんご網が考案され,19世紀にはシチリア島近海に大きな漁場が発見され,イタリアのさんご漁業と加工技術は飛躍的に発展した(藤岡1996)。

日本では江戸時代後期から高知県下における宝石サンゴの分布は知られていたが，土佐藩では採取および所持が禁止されていたこともあり，本格的な漁業は明治期に入ってから開始された。その後，漁場は長崎，小笠原，台湾へも拡大した。戦時中は中断したものの，戦後には南西諸島で，1965年（一説には1963年）には天皇海山群のミルウォーキーバンクで大きな漁場が発見された（Grigg 2002）。後述するように，最盛期には日本と台湾の漁船が100隻以上出漁していたが，我が国漁船による操業は1992年を最後に中止された（Fujioka 2004）。現在，さんご漁業は，我が国では高知県，長崎県，鹿児島県，沖縄県，東京都で知事許可漁業として行われている。全国の水揚げの7～8割を高知県が占めており，原木（漁獲された状態の加工前の骨軸）の入札も高知県下でのみ行われている。

　近年の報道等を見ると，急速に経済発展した中国での需要の高まりから，高知県下ではさんご漁業が過熱しており，原木，加工品ともに価格が2009年から2011年の2年あまりで2～3倍に値上がりし，県の採取許可を受けた漁船は2010年には160隻に増加，2011年には352隻にも達したという（水産経済新聞 2012/03/01）。高知県ではこうした現状に対応して，後述するようにさんご漁業の規制管理を強化するなどの対策を取っている。その背景には，最近の2度にわたる宝石サンゴのワシントン条約附属書掲載の動きがあり，国際取引が規制されれば県内の関連産業が大きな影響を被るとの認識が広がっているためである。商工業者の団体でも，CoP14，CoP15の代表団に同行し国際的な働きかけをしてきた。2009年にはNPO宝石珊瑚保護育成協議会を立ち上げ，国際フォーラムを開催するなどの活動を行っている。

　最近の動きとしては，2011年以降，沖縄近海や小笠原諸島等の我が国領海内またはEEZ（排他的経済水域）内で中国漁船とみられる多数の外国船による違法操業が相次いで確認され（世界日報 2012/02/16，沖縄タイムス 2013/05/08，産経新聞 2014/10/12），取り締まりや罰則の強化といった対応が取られている（朝日新聞 2014/11/21）。

サンゴ類とワシントン条約

　既にワシントン条約では，ツノサンゴ目全種とイシサンゴ目全種（ともに六放サンゴ亜綱），ヒドロ虫綱のアナサンゴモドキ科とサンゴモドキ科の全種（一般にヒドロサンゴ類という）が附属書Ⅱに掲載されており，さらに上

述のヤギ目サンゴ科を含む八放サンゴ亜綱に属するアオサンゴ科とクダサンゴ科も附属書Ⅱに掲載されている（図1参照）。ツノサンゴ目には別名「くろさんご」あるいは「うみからまつ」と呼ばれるものがあり，骨軸は角質であるがアクセサリーに加工されている。イシサンゴ目は，一般的には造礁サンゴ（主に熱帯の浅海域に生息し，体内に褐虫藻を共生させることにより成長が早くサンゴ礁の形成にかかわるとしてこう称される）として知られるが，冷水性・深海性のものもある。基本的にアクセサリー等に利用されることはないが，水槽で飼育する愛好家が世界中におり希少種は高値で取引されている（時には置物や土産物としても売られている）。アオサンゴ科とクダサンゴ科は八放サンゴ亜綱の中では例外的な造礁サンゴである（石灰質の骨格を有する）。ヒドロサンゴ類も石灰質の骨格を持つが利用価値はない。これらの分類群のうち利用・取引されているものはごく一部であるが，そうした高価な種との判別が難しいことから，取り締まりの実効性を高めるための措置（類似種規定）に基づき全種が国際取引の規制を受けている。

宝石サンゴの附属書掲載提案の経緯

＜CoP15（2010年）以前＞

ワシントン条約で宝石サンゴの附属書掲載が提案されたのは，1987年のCoP6が最初で，スペインが地中海のベニサンゴを附属書Ⅱに掲載することを提案したが否決された。次に宝石サンゴに関する議論がなされたのは，2007年のCoP14で，米国がヤギ目サンゴ科の全種を附属書Ⅱに掲載することを提案した（CITES-USA 2007）。このときの提案理由は，サンゴ科の現状は附属書Ⅱの附則2a Bに該当し，国際取引のための野生個体群からの収穫がその個体群に存続の脅威を与えないことが保証されない限り貿易規制が必要というものであった。これに対して国際連合食糧農業機関（FAO）の専門家パネルは，減少傾向は附属書掲載基準を満たすと考えられず，西太平洋における漁獲量の減少は漁業の変遷によるもので資源枯渇を示すものではないとし（FAO 2007），日本も漁業管理にゆだねるべきだとして反対の立場を取った。その結果，第1委員会では採択されたが，本会議では否決された。なお，これとは別に，中国政府は2008年に自国の資源を保護するとの目的でサンゴ科に属する4種（アカサンゴ，シロサンゴ，モモイロサンゴ，*C. secundum*）について附属書Ⅲに掲載することを事務局に通達し，現在，中国

産のこれら4種については貿易管理の対象となっている。

＜CoP15における議論＞
　米国は，2010年のCoP15でもEUと共同でサンゴ科全種を附属書IIに掲載することを再提案した。米国とスウェーデン（EU代表）両政府によるCoP15提案書の概要は以下の通りである（CITES-Sweden-USA 2009）。
　地中海のベニサンゴ，太平洋のアカサンゴなど7種は，ワシントン条約第2条2(a)項（附属書IIの附則2aB：前ページCoP14での提案理由と同じ）ならびに決議9.24付記2a基準A「近い将来に附属書Iへの掲載が適格になる事態を避けるために，その種の取引の規制が必要であることが判明しているか，または推論・予測できる」の条件を満たすと考えられ，さらに，決議9.24付記2a基準Aの条件である「取引される形でのその種の標本が，第2条2(a)項または附属書Iの規程に基づき，附属書IIに掲げる種の標本に似ており，取締官が区別できそうもない」ことから，同科全種の掲載が提案された。その理由としては，①これらは国際的な宝飾品としての需要から集中的に漁獲されている，②長寿命や成熟開始や成長が遅いなどの生活史特性はとりわけ乱獲に対して脆弱である，③破壊的な採集方法によって生息環境が劣化していることを上げている。以下，それら3点について解説する。
　①については，提案書では，FAO漁業統計を元にした世界の宝石サンゴ類総漁獲量の推移のグラフを提示し（図2），太平洋産種の漁獲量は1980年代から60ないし80%以上減少したことを指摘している。しかし，漁獲量の減少は必ずしも資源量の減少を意味しない。全世界の宝石サンゴの漁獲量は，1960年代半ばと1970年代後半から1980年代にかけて非常に高かったが，これはミッドウェー・天皇海山海域で新たな漁場（資源）が発見され，漁獲が集中したためであり，ピーク時には100隻を超える漁船が出漁していたとされる。それが，1970年頃と1987年頃に大きく減少したのは，操業が行われなくなったためで，その理由は市場価格の下落で採算が取れなくなったためだと言われている（岩崎2010, Chang et al. 2013）。Chang et al. (2013)は，本提案書におけるFAO統計の誤引用なども指摘し，附属書掲載提案の問題点を総括している。
　②については，成長や成熟開始が遅いといった乱獲に脆弱な生活史特性に加えて，宝石サンゴのような固着性・群体性の生物には繁殖生態上も特有の

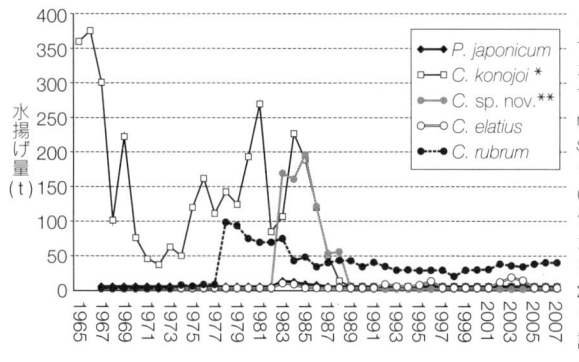

図2　FAO の統計値等に基づくサンゴ科の主要漁獲対象種の水揚げ量の推移(CITES Sweden-USA（2009）の提案書を一部改変)
Chang et al.（2013）が精査した結果，右欄外に示したように引用したデータの種の表記には誤りがあることが判明している。図中の C. konojoi と C. sp. nov. を足し合わせたものがミッドウェー・天皇海山海域における漁獲量であり，1960年代後半と1980年代前半に顕著なピークを示している。

＊：凡例によればシロサンゴであるが，基になった FAO の統計値では日本産の C. sp. nov. と台湾産の C. secundum を合わせたものに相当し，日本産の C. sp. nov. の統計値には，C. secundum が含まれていると考えられる。(Chang et al., 2013)。
＊＊：台湾産のみの統計値（以上は Chang et al. 2013 の分析による）

脆弱性がある。宝石サンゴの繁殖の単位はポリプである。群体が大きくなればポリプの数は"指数的"に増加し繁殖量が増大する（さらにサイズが大きくなれば死亡率も低くなる）。また，移動性のないサンゴ類にとって受精の可否といった繁殖成功には一定以上の群体密度が必要である。このように，群体サイズや密度は繁殖成功や個体群維持において決定的な要素であり，経済価値が高い大型群体を選択的に漁獲すると再生産力が著しく低下し，個体群の脆弱性がより一層増大することを指摘している。具体的には，地中海におけるベニサンゴのサイズ構成が顕著に小型化しており，これは再生産単位（ポリプ）の 80～90％減に相当するとしている。

③については，さんご漁業のみならず魚類を獲る着底トロール漁業も含めて，破壊的な漁獲方法は海底環境の，特にサンゴ類が要求するハビタット（堆積物が少ない岩盤）の悪化を招いていることを指摘している。さんご漁業に伝統的に用いられてきた「さんご網」とは，錘となる石や鎖に網束を付けたものが基本である。これを船上から海底に沈めて曳き，固いサンゴの骨軸を折って網束に絡めて採集するという原始的な方法であるが，操業に伴い他の底生生物を損傷・混獲することは否めない。このため，地中海やハワイなど，ダイバーによる採取または有人・無人の潜水艇による操業のみが認められて

いる海域が多くなった。しかし、台湾と日本の高知県では「さんご網」のみが許可・使用されている。

国際 NGO のトラフィックはこの提案に賛成の立場を表明した（TRAFFIC 2010, 高橋 2010）。ただし、その理由においては、地中海産のベニサンゴが著しく資源量が減少していることと、製品や半加工品として流通した場合、類似種との判別が困難なことを指摘しているが、太平洋産の資源に関しては、新規漁場が見つかると短期間に漁獲努力が集中して資源が枯渇するパターンを指摘してはいるものの、必ずしも全体としての資源状態の悪化は認めていない。一方、CoP15 の開催に先立って行われた FAO の専門家パネルにおいては、この提案は附属書掲載基準に適合していないと結論づけられた（FAO 2009）。FAO ではワシントン条約附属書掲載基準（決議 9.24）を商業水生種に適用した場合の問題点を検討し、減少規模（附則 5）の適用に関する勧告を提出し、CoP13 以降それが掲載基準附則 5 の脚注（商業漁業対象水生種への減少の適応）として採用されている。附則 5 脚注では、対象種の生産力の違いによって基準となる減少規模が規定されている。同パネルではベニサンゴは低生産種と判断し残る 6 種も同様であると考えた。その基準では初期資源の 15〜20% の減少規模が指標となる。ところが、提案書では一部の海域における密度を推定してはいるものの、個体群の明白な減少傾向を示すデータは示されていない。提案書では漁獲統計において急激に水揚げ量が減少しているデータをもって、個体群減少の根拠としているが、FAO 専門家パネルは、漁獲量はさまざまな経済要因の影響を受けるため信頼性が低いことを指摘した。具体的には、地中海のベニサンゴの漁獲量の減少は約 40% と基準を満たさないが、群体あたりのポリプ数の減少に関しては基準に達しているとした。一方で、太平洋の各地においては附属書 II の基準を満たすような減少の証拠はないとした。

以上のような実態から、CoP15 における宝石サンゴ類を附属書 II に掲載する提案は必ずしも同意を得られるものではないと考えられたが、第 1 委員会での採決では、反対 59 票（日本は反対）に対し賛成 64 票と、賛成国が反対国を上回った（棄権：10 カ国）。附属書掲載のためには、出席し投票した国（棄権は含まない）の 2/3 以上の賛成が必要なため否決とはなったが（本

会議は委員会の結果をそのまま了承），宝石サンゴの国際取引規制による保護という方向性には，国際的に一定の賛同が寄せられていることは確かである。

＜CoP15 以降＞

2013 年の CoP16 では，予想に反して宝石サンゴに関する提案は出されなかった。その理由は明らかではないが，太平洋公海域において漁業管理の枠組みができつつあることや（NPFC：北太平洋公海漁業資源の保存および管理に関する条約：2015 年 7 月に発効），太平洋の主要な漁業国である台湾と日本で漁業管理が強化されたことが一因かもしれない。

台湾では，2009 年にさんご漁業と取引に関する規則を改定し，すべてのライセンス申請者は，MCS（モニタリング，規制，監視）に基づいた強化された管理計画に従うことが求められた。具体的には，有効なライセンスの保有，毎日の操業記録を入港 3 日以内に提出すること，出入港と水揚げを指定された 2 つの港のみで行うことが定められ，さらに，操業は指定された 5 漁場のみで年間 220 日以内と決められ，1 隻あたり 200 kg が漁獲可能量となっている。これらを監視するため，漁船へは VMS（衛星を利用した漁船監視システム）の装備が義務づけられるとともに，オブザーバー乗船や立ち入り検査の受け入れ義務も課せられている。

日本では，さんご漁業は都道府県の漁業調整規則等によって管理規制されており，規則は各県によって異なっている。上述のように国内のサンゴ漁獲の大半は高知県によることから，高知県が 2012 年 3 月に改正した漁業調整規則等のポイントを紹介する。なお，沖縄県と鹿児島県では，有人無人の潜水艇による漁獲のみが許可されており，実質的には 1 経営体が副業として実施しているのみである（本業は海洋調査・工事やサルベージ事業）。

高知県では，さんご網漁業のみが許可されており，許可期間は 3 年から 1 年に短縮された。2012 年は 371 件が許可されている（水産経済新聞 2012/03/01）。禁漁期間は従来の 2 か月（1〜2 月）から 4 か月（アカサンゴの産卵期である 6〜7 月を追加）に拡大した。操業区域と操業時間，使用する漁具は従前に倣って詳細に決められている（動力による曳網は禁止）。新たに月毎の漁獲成績報告書の提出が義務づけられ，そのために GPS データロガーの装備が求められている。また，県全体の年間総漁獲量（生木のみ：

生木とは生きた状態で漁獲されたもの）は 750 kg以内に抑えることとし，高さ 3 cm 直径 7 mm 未満の生木は放流しなければならないことになった。このように，高知県におけるさんご漁業の規制管理は強化されているが，査察や監視といった部分ではなお改善の余地があるという見方もある（Chang et al. 2013）。また，操業区域に対して許可隻数が（実際の操業隻数も）過剰との見方もある一方で，相互監視が働き操業ルールの遵守が担保されているとの意見も聞かれた。

今後の課題

　宝石サンゴの資源を守り，持続的に利用していくためには，実効性のある漁業管理が必要なことは言うまでもない。だがそれ以前に，その前提・根拠となるべき宝石サンゴ類の資源生物学的な情報や，漁獲統計・貿易統計の整備と信頼性の確保が強く求められる。

　前者に関しては，宝石サンゴは新鮮な状態で取引されることがなく（そもそも漁獲物も既に死んでいるものが多い），実際の漁獲物を専門家が分類する機会もほとんどないまま，商業取引が行われているのが実情である。このため，サンゴ科の分類は十分に確立しておらず，取引上も種名というよりは銘柄や状態で記録されている。種の存続を第一義に基準が設定されているのに，種の特定が不確かな状況は科学的議論を困難にしている。さらに，各種の成長速度，繁殖生態などはごく断片的にしか明らかになっておらず，資源管理にも十分に反映されてはいない。本科の分類学的研究，生態学的調査研究が早期に進展することが望まれる。

　一方，後者に関してトラフィックで宝石サンゴの生産流通に関する分析を行った高橋（2010）は，FAO の生産統計では生物種ごとの報告がなされているにもかかわらず，国内では生物種別には扱われていないことから，その統計の信頼性が低いことを指摘している。また，貿易統計に関しても，日本と台湾の間の輸出入統計値には年によって大きな隔たりがあるなど（例えば 2005 年の日本の貿易統計では台湾からのサンゴ製品の輸入は 9 kg となっているが，台湾の統計では台湾から日本への輸出は 4,313 kg となっていた），国際取引の実態を把握するうえでも大きな課題があることを示した（高橋 2010）。種の存続と資源管理を目的とした取り組みには，種を単位としたデータや統計が必要不可欠である。少なくとも生きたサンゴが採集された場合

に，水揚げ段階での正確な種査定と，重量及びサイズのデータを収集する仕組みを早急に確立する必要があるだろう。群体サイズのデータは個体群の齢構成や潜在的な繁殖力を把握するのに重要であることが指摘されている (Tsounis et al. 2010)。

宝石サンゴの漁場は各国の領海や排他的経済水域のみならず公海域にも存在する。公海域で底魚漁業を行う漁業国は地域漁業管理機関または協定を発足させて当該漁業の資源・環境への影響評価を行うことが国連で決議された。このことにより公海域での新規漁場の発見と漁獲努力の集中が資源と環境に重大な影響を及ぼしてきた，いわゆる「bloom and burst cycles」が生じる可能性は小さくなった。しかしIUU（違法，無規制，無報告）漁業はなくなってはおらず，合法的に漁獲され流通しているものへのトレーサビリティーの確保などは今後ますます重要になってくると考えられる。

貿易統制による資源保護には賛否があるが，漁業管理は資源保護のみならず海底環境・生態系保全のためにも必要であることが指摘されている（Chang et al. 2013）。先述の国連決議以降の国際情勢においても，主要な関心事は資源管理から環境保全へシフトしてきている。宝石サンゴをめぐる国際問題においても，今後は，より海底環境の保護に配慮した漁業のあり方等が問われていくことになるだろう。

引用文献

朝日新聞. 2014/11/21. サンゴの密漁船，海保が一斉摘発　小笠原沖，方針を転換.

Chang S.-K., Yang Y.-C. & Iwasaki N. 2013. Whether to employ trade controls or fisheries management to conserve precious corals (Coralliidae) in the Northern Pacific Ocean. *Marine Policy* **39**: 144-153.

CITES-USA. 2007. Consideration of Proposals for Amendment of Appendices I and II. CITES CoP14 Prop. 21, 22 pp.

CITES-Sweden-USA. 2009. Consideration of Proposals for Amendment of Appendices I and II. CITES CoP15 Prop. 21, 35 pp.

FAO. 2007. Appendix K, FAO Ad Hoc Expert Advisory Panel assessment report: red/pink corals. in Report of the Second FAO Ad Hoc Expert Advisory Panel for the assessment of proposal to amend Appendices I and II of CITES concerning commercially-exploited aquatic species. FAO Fisheries Report No. 833, pp.123-133.

FAO. 2009. Appendix J, FAO Expert Advisory Panel assessment report: family

Coralliidae. in Report of the Third FAO expert advisory panel for the assessment of proposal to amend Appendices I and II of CITES concerning commercially-exploited aquatic species. FAO Fisheries and Aquaculture Report No. 925, pp.133-150.
藤岡義三. 1996. アカサンゴ. 日本の希少な野生動植物に関する基礎資料 3, pp. 555-562. 日本水産資源保護協会.
Fujioka Y. 2004. Treasures of the Kuroshio Current. *Farming Japan* **38**(6): 29-36.
岩崎 望. 2010. 宝石サンゴとワシントン条約. 海洋と生物 **186**: 25-32.
沖縄タイムス. 2013/05/08. 中国船,沖縄近海でサンゴ乱獲.
金子与止男. 2006. タイマイ. 松田裕之・矢原徹一・石井信夫・金子与止男（編）ワシントン条約附属書掲載基準と水産資源の持続可能な利用（増補改訂版）, pp.215-222. 社団法人自然資源保全協会（非売品）.
世界日報. 2012/02/16. 中国漁船,サンゴ狙い日本へ－本国は漁禁止,海保年末に摘発相次ぐ.
産経新聞. 2014/10/12. 宝石サンゴ密漁か 小笠原に押し寄せる中国船.
水産経済新聞. 2012/03/01. "過熱" 宝石サンゴ漁業.
高橋そよ. 2010. 東アジアにおける宝石サンゴの国際取引と資源管理. 海洋と生物 **186**: 33-40.
TRAFFIC. 2010. Recommendations on the Proposals to Amend the CITES Appendices at CoP15, 29 pp.
Tsounis, G., Rossi, S., Grigg, R., Santangelo, G., Bramanti, L. & Gili, J. 2010. The exploitation and conservation of precious corals. *Oceanography and Marine Biology: An Annual Review* **48**: 161-212.

はやしばら たけし　国立研究開発法人 水産総合研究センター 国際水産資源研究所

生物名索引

CITES 附属書掲載種・提案種

Sotalia guianensis 154

アオウミガメ (*Chelonia mydas mydas*) 22, 147
　中西部太平洋個体群 150
　中南部太平洋個体群 150
　東部太平洋個体群 150
　南西部大西洋個体群 150
　南東部インド洋個体群 150
アオサンゴ科 205
アカウミガメ (*Caretta caretta*) 22, 147, 149
　北太平洋 149
　北西部インド洋個体群 149
　北東部インド洋個体群 149
　北東部大西洋個体群 149
アカシュモクザメ (*Sphyrna lewini*) 11, 12, 26, 159
アジアアロワナ 22
アジアゾウ 9
アナサンゴモドキ科 204
アブラツノザメ 24, 25
アフリカウスイロイルカ (*Sousa teuszii*) 154
アフリカゾウ 18, 49, 50
　ザンビア個体群 53, 141
　ジンバブエ個体群 9, 52, 53
　タンザニア個体群 53, 141
　ナミビア個体群 9, 52, 53
　ボツワナ個体群 9, 52, 53
　南アフリカ個体群 9, 53
アマゾンカワイルカ (*Inia geoffrensis*) 155
アマノガワテンジクダイ 25

アミメニシキヘビ 9
アメリカイセエビ類 25
アロエ 9
イシサンゴ目 204
イチイ 9
イリエワニ
　インドネシア個体群 9
　オーストラリア個体群 9
　パプアニューギニア個体群 9
イワシクジラ (*Balaenoptera borealis*) 12, 154
インドカワイルカ (*Platanista gangetica gangetica*) 155
ウチワサボテン 9
ウバザメ (*Cetorhinus maximus*) 12, 23, 24, 25
ウミチョウザメ 22
オオサイチョウ 9
オオサンショウウオ 9
オーストラリアカワゴンドウ (*Orcaella heinsohni*) 12, 154
オサガメ (*Dermochelys coriacea*) 147, 151
　東部太平洋個体群 151
　南東部大西洋個体群 151
　北西部大西洋個体群 151

カバ 9
ガビチョウ 9
カワゴンドウ (*Orcaella brevirostris*) 12, 154
キタトックリクジラ (*Hyperoodon ampullatus*) 155
キハダマグロ (*Thunnus albacares*) 29
クダサンゴ科 205
クロマグロ 23, 25, 27, 41, 61

大西洋クロマグロ（*Thunnus thynnus*）
　29, 31, 32, 38, 90
　西部大西洋系群 22
　地中海系群 22, 32
　東部系群 22
　東大西洋系群 34
太平洋クロマグロ（*Thunnus orientalis*）29
クロミンククジラ（*Balaenoptera bonaerensis*）12, 154
ケンプヒメウミガメ（*Lepidochelys kempii*）22, 147, 150
コウノトリ 9
コガシラネズミイルカ（*Phocoena sinus*）155, 156
コククジラ（*Escrichitius robustus*）154
コセミクジラ（*Caperea marginata*）155
コビトイルカ（*Sotalia fluviatilis*）154

サイ類 56
ザトウクジラ（*Megaptera novaeangliae*）154
サンゴ科 203
サンゴモドキ科 204
シーラカンス 22, 24
シナウスイロイルカ（*Sousa chinensis*）154
ジャイアントパンダ 9
シャムワニ 22
ジュゴン 9, 22
シュモクザメ類 25
シロサイ
　南アフリカ個体群 56
シロシュモクザメ（*Sphyrna zygaena*）11, 12, 26, 159
シロナガスクジラ（*Balaenoptera musculus*）9, 154
ジンベエザメ（*Rhincodon typus*）12, 23, 24, 25

スナメリ（*Neophocaena phocaenoides*）155
スペインオオヤマネコ 49
セミクジラ（*Eubalaena japonica*）154
ソテツ 9

タイセイヨウセミクジラ（*Eubalaena glacialis*）154
タイマイ（*Eretmochelys imbricata*）147, 148, 150
　西部太平洋個体群 150
　東部太平洋個体群 150
　東部大西洋個体群 150
　南西部インド洋個体群 150
　南西部太平洋個体群 150
　南東部インド洋個体群 150
　北東部インド洋個体群 150
タツノオトシゴ類 *Hippocampus* spp. 12, 24, 173
サンゴタツ（*Hippocampus. mohnikei*）173
タツノオトシゴ（*Hippocampus coronatus*）173
淡水エイ類 25
タンチョウ 9
チョウザメ類 23
　Acipenser baerii（シベリアチョウザメ）178
　Acipenser brevirostrum（ウミチョウザメ）178
　Acipenser fulvescens（ミズウミチョウザメ）178
　Acipenser gueldenstaedtii（ロシアチョウザメ）178
　Acipenser nudiventris（フナチョウザメ）178
　Acipenser oxyrhynchus（タイセイヨウチョウザメ）178
　Acipenser stellatus（ホシチョウザメ）

178
Acipenser sturio（バルチックチョウザメ）178
Acipenser transmontanus（シロチョウザメ）179
Hippocampus barbouri 174
Hippocampus comes 174
Hippocampus erectus 174
Hippocampus ignens 174
Hippocampus reidi 174
Hippocampus spinosissimus 174
Huso huso（オオチョウザメ）178
Polyodon spathula（ヘラチョウザメ）178
チンパンジー 9
ツキノワグマ 9
ツチクジラ（*Berardius bairdii*）12, 155
ツノサンゴ目 204
ツノシマクジラ（*Balaenoptera omurai*）12, 154
トキ 9
トビ 9
トラ 9

ナイルワニ 47
　エジプト個体群 48
ナガスクジラ（*Balaenoptera physalus*）12, 154
ナポレオンフィッシュ →メガネモチノウオ
ニシネズミザメ（*Lamna nasus*）11, 12, 24, 25, 159
ニタリクジラ（*Balaenoptera edeni*）12, 154
ニホンイシガメ 9
ニホンザル 9
ノコギリエイ類 23, 24, 25
ノコギリエイ 25, 27
ビクーニャ 47

エクアドル個体群 48
ヒメウミガメ（*Lepidochelys olivacea*）147, 150
　西部インド洋個体群 150
　東部太平洋個体群 150
　北東部インド洋個体群 150
ヒラシュモクザメ（*Sphyrna mokarran*）11, 12, 26, 159
ヒラタウミガメ（*Natator depressus*）147, 151
ビンナガマグロ（*Thunnus alalunga*）29
フクロウ 9
フスクス・ナマコ（*Isostichopus fuscus*）193
宝石サンゴ 9, 25, 203
Corallium abyssale 202
Corallium borneense 202
Corallium ducalee 202
Corallium elatius（モモイロサンゴ）9, 202, 203, 205
Corallium halmaheirense 202
Corallium imperiale 202
Corallium johnsoni 202
Corallium kishinouyei 202
Corallium konojoi（シロサンゴ）9, 202, 205
Corallium lauuense（*C. regale*）202
Corallium maderense 202
Corallium medae 202
Corallium niobe 202
Corallium regale → *Corallium lauuense*
Corallium reginae 202
Corallium rubrum（ベニサンゴ）202, 203, 205, 207, 208
Corallium salomonense 202
Corallium sulcatum 202, 205
Corallium tricolor 202
Corallium の一種 202
Paracorallium inutile 202

Paracorallium japonicum（アカサンゴ）
9, 202, 203, 205
Paracorallium nix 202
Paracorallium stylasteroides 202
Paracorallium thrinax 202
Paracorallium torruosum 202
ホッキョククジラ（*Balaena mysticetus*）154
ホッキョクグマ 49
ボブキャット 49
ホホジロザメ（*Carcharodon carcharias*）12, 23, 25, 159

マゼランアイナメ（メロ，銀ムツ）24
マッコウクジラ（*Physeter macrocephalus*）12, 155
マンタ類 25
マンタ属のエイ（*Manta* spp.）159, 162, 167
ミナミセミクジラ（*Eubalaena australis*）154
ミナミツチクジラ（*Berardius arnuxi*）155
ミナミトックリクジラ（*Hyperoodon planifrons*）155
ミナミマグロ 23, 61, 89
ミナミマグロ（*Thunnus maccoyii*）29

ミンククジラ（*Balaenoptera acutorostrata*）12, 154
西グリーンランド個体群 9
メガネモチノウオ（ナポレオンフィッシュ *Cheilinus undulatus*）24, 175, 181
メコンオオナマズ 22
メバチマグロ（*Thunnus obesus*）29, 90
モレレットワニ 48

ヨウスコウカワイルカ（*Lipotes vexillifer*）154, 155
ヨーロッパウナギ 25, 27
ヨーロッパオオヤマネコ 49
ヨゴレ（*Carcharhinus longimanus*）11, 12, 25, 163
ライオン 9
ライギョダマシ 24

その他の生物名

サバ類 111
サンマ 111
スケトウダラ 111
ズワイガニ 111
マアジ 111
マイワシ 111

事項索引

英数字

1回限りの売却（one-off sale） 52

ABC（生物学的許容漁獲量） 111
ABC_{limit}（ABCの限界値） 112
ABC_{target}（ABCの目標値） 112
ABS（Access and Benefit Sharing） 142
AOO →占有面積

B_{ban} 111
B_{cur}（資源量水準） 106
B_{limit} 111
B_{MSY} 104

CBD →生物多様性条約
CCAMLR →南極の海洋生物資源の保存に関する条約、→南極海洋生物資源保存条約
CCSBT →みなみまぐろ保存委員会
CITES →ワシントン条約
CITES Trade Database 175
commercial extinction 38
CoP →ワシントン条約締約国会議
CPUE（単位努力量あたりの漁獲量, Catch Per Unit Effort） 105, 162
CR →深刻な危機

DD →情報不足
depensation 65
depleted 107

EAF →漁業における生態系アプローチ
EBFM →生態系に基づく漁業管理
Ecopath with Ecosim（EwE） 124
EN →危機

end-to-end 型モデル 124
EOO →出現範囲
ETIS（違法取引監視） 52, 54
EW →野生絶滅
EwE → Ecopath with Ecosim
EX →絶滅

F →漁獲係数（F）
$F_{0.1}$ 112 → F_{limit}
F_{cur}（漁獲水準） 106
F_{limit}（限界基準値） 111
F_{max} 112 → F_{limit}
F_{med} 112 → F_{limit}
F_{MSY}（漁獲係数） 104, 112 → F_{limit}
$F_{\%SPR}$ 112 → F_{limit}
F_{target}（目標基準値） 111
FAO 109
Fishing Down 現象 116, 121, 126

ICCAT →大西洋まぐろ類保存国際委員会、→大西洋まぐろ類保存委員会
IUCN →国際自然保護連合
IUCN レッドリストカテゴリー 81
　危機（Endangered, EN） 82
　危急（Vulnerable, VU） 82
　準絶滅危惧（Near Threatened, NT） 82
　情報不足（Data Deficient, DD） 83
　深刻な危機（Critically Endangered, CR） 82
　絶滅（Extinct, EX） 81
　絶滅危惧（Threatened） 82
　低懸念（Least Concern, LC） 83
　未評価（Not Evaluated, NE） 83
　野生絶滅（Extinct in the Wild, EW） 81
IUU 漁業 170, 183, 211
IWC →国際捕鯨委員会

LC →低懸念

MAB 計画 →ユネスコ「人間と生物圏」計画
marine reserve 128
MEAT（Marine Protected Area Management Effectiveness Assessment Tool）130
MEY（最大経済生産量）108
MIKE（密猟監視）52, 54
MP →管理方式
MPA →海洋保護区
MRM →部分抽出型モデル
MSE →管理戦略評価
MSVPA（Multi-Species VPA）124
MSY（最大持続生産量，Maximum Sustainable Yield）103, 104
MTL →平均栄養段階
MVP（最小存続個体数，Minimum Viable Population）71

NACS-J →日本自然保護協会
NDF →無害証明
N_e（有効集団サイズ，effective population size）72
NE →未評価
NEMURO（North pacific Ecosystem Model for Understanding Regional Oceanography）モデル 124
non-detriment findings 21
no-take marine protected area 128
no-take zone 128
NPOA-sharks →サメ類の保存管理のための国内行動計画
NPZD 型モデル 124
NT →準絶滅危惧

OHI →海洋健全度指数
overexploited 107

PVA（個体群存続可能性分析，Population Viability Analysis）73

RAMAS 75
RFMO →地域漁業管理機関
RFMOs →地域漁業管理機関
RMP →改訂管理方式

SSB_{max}（最大親魚量，maximum Spawning Stock Biomass）34
SWOT（The State of the World's Sea Turtles）149

TAC（許容漁獲量，漁獲可能量）32, 34
TAC（漁獲可能量）111
TRAFFIC 49, 138, 188
「Trophic cascade（栄養カスケード）」現象 122

Vortex 75
VPA（Virtual Population Analysis）73, 105, 124

WCPFC →中西部太平洋まぐろ類委員会
Wise Use 128
WWF →世界自然保護基金
WWF ジャパン 136

【ア行】

アジェンダ21 128
アリー効果（Allee effect）65

いずれの国の管轄下にもない海洋環境 14
遺伝子の多様性 66
遺伝的確率性（genetic stochasticity）66 →遺伝的浮動
遺伝的浮動（genetic drift）66 →遺伝的確率性

遺伝的ボトルネック効果（genetic
　　bottleneck）66
遺伝的劣化 66
違法取引監視 → ETIS

海からの持込み 13

「栄養のカスケード」現象 →「Trophic
　　cascade」現象
エコツーリズム 47
エコロジカル・フットプリント（Ecological
　　Footprint）126

オペレーティングモデル 113
温暖化 65

【カ行】

外国為替及び外国貿易管理法（外為法）16
外為法 →外国為替及び外国貿易管理法
　　第54条 17
改訂管理方式（RMP）115
海洋・沿岸保護区（Marine and Coastal
　　Protected Area）128
海洋基本計画 127
海洋基本法 127
海洋健全度指数（Ocean Health Index:
　　OHI）126
海洋生物多様性保全戦略 127
海洋保護区（Marine Protect Area: MPA）
　　124, 127
外来生物 64
科学当局 15
確率論的絶滅（stochastic extinction）67
カタストロフ 65
カノニカルモデル 76
環境確率性（環境の揺らぎ，environmental
　　stochasticity）65
環境収容量 103
環境収容力 73, 78

環境の揺らぎ →環境確率性
関税法
　　第11章第1節 17
　　第70条 17
関税法施行令
　　第92条3項 17
管理戦略評価（Management Strategy
　　Evaluation: MSE）113
管理当局 15
管理方式（Management Procedure: MP）
　　113

危機 →レッドリストカテゴリー判定基準
気候変動 65
擬似絶滅（quasiextinction）77
基準A →レッドリストカテゴリー判定基準
基準B →レッドリストカテゴリー判定基準
基準C →レッドリストカテゴリー判定基準
基準D →レッドリストカテゴリー判定基準
基準E →レッドリストカテゴリー判定基準
基準レベル（baseline）30
共有地の悲劇 102
漁獲可能量 → TAC（許容漁獲量，漁獲可能
　　量）
漁獲係数（F）111 → F_{SMY}
漁獲水準 → F_{cur}
漁業における生態系アプローチ（Ecosystem
　　Approach to Fisheries: EAF）123
「漁業の危機」説 116, 121
漁業法
　　第52条 17
局所個体群（local population）68
漁場の垂直拡大 121
許容漁獲量 → TAC（許容漁獲量，漁獲可能
　　量）
近交弱勢 68
決定論的絶滅（deterministic extinction）
　　67
原産地証明書 13

減少クライテリア 30, 39
減少している個体群パラダイム（declining-population paradigm） 68
原生自然（Wilderness） 128

交雑 64
国際希少野生動植物種 16
国際自然保護連合（The International Union for Conservation of Nature; IUCN） 7, 39, 47, 81, 136, 173
　種の保存委員会（SSC） 182
国際捕鯨委員会（IWC） 115, 136, 141, 153
国際連合食糧農業機関 → FAO
国内希少野生動植物種 16
国内取引 16
国内法 national legislation 16
国連環境開発会議 109
国連海洋法条約 14, 107
国連食糧農業機関（FAO） 19, 30, 160, 175, 182, 187
国連人間環境会議 7
国連ミレニアム生態系評価（The Millennium Ecosystem Assessment） 121, 140
個体群絶滅可能性分析（Population Vulnerability Analysis） → PVA（個体群存続可能性分析，Population Viability Analysis）
個体群存続可能性分析 → PVA（個体群存続可能性分析，Population Viability Analysis）
混獲生物 121

【サ行】

最小存続個体数 → MVP
再生産 101
最大親魚量 → SSBmax
最大経済生産量 → MEY
最大持続生産量 → MSY（最大持続生産量，Maximum Sustainable Yield）
サメ類の保存管理のための国内行動計画（NPOA-sharks） 169
産卵親魚量 → B_{cur}

シェラクラブ 136
資源動態モデル 105
資源の崩壊（collapsed） 107
資源評価 105
資源評価モデル 105
資源量指数 105
資源量水準 → Bcur
指定漁業 17
出現範囲（Extent of Occurrence, EOO） 86
種の保存法 16, 52
　第16条 17 → ワシントン条約第8条1b
準絶滅危惧 → レッドリストカテゴリー判定基準
順応的学習（adaptive learning） 110 → 為すことによって学ぶこと
順応的管理（adaptive management） 62, 110, 141
情報不足 → レッドリストカテゴリー判定基準
条約常設委員会（Standing Committee） 53
書面合意 14
シンク（sink） 70
シンク個体群（sink population） 70
人口学的確率性（人口学的揺らぎ demographic stochasticity） 65
人口学的揺らぎ → 人口学的確率性
深刻な危機 → レッドリストカテゴリー判定基準

水産基本計画 127

脆弱な生態系 121
生存率 66

生態系 122
生態系管理 121
生態系サービス 122
生態系に基づく漁業管理（Ecosystem-Based Fisheries Management: EBFM）123
生物学的許容漁獲量 → ABC
生物多様性（biodiversity）62
生物多様性国家戦略 2012-2020 127
生物多様性条約（CBD）135
世界遺産条約 135
世界遺産条約会議 137
世界自然保護会議（IUCN World Conservation Congress）137
　アンマン総会 137
世界自然保護基金（WWF）49, 135
責任ある漁業のための行動規範 109
世代当たりの平均絶滅確率 79
絶滅 → レッドリストカテゴリー判定基準
絶滅危惧 IA 類 82
絶滅危惧 → レッドリストカテゴリー判定基準
絶滅危惧 IB 類 82
絶滅危惧 II 類 82
絶滅のおそれのある野生動植物の譲渡の規制等に関する法律 16
絶滅のおそれのある野生動植物の種の国際取引に関する条約（Convention on International Trade in Endangered Species of Wild Fauna and Flora）→ ワシントン条約
絶滅のおそれのある野生動植物の種の保存に関する法律 → 種の保存法
絶滅の連鎖 64
絶滅への渦（extinction vortex）68
絶滅までの待ち時間 77
潜在的ハビタット 69
占有面積（Area of Occupancy, AOO）86
相対値 76
ソース（source）70

ソース個体群（source population）70
損なわれた自然を復元する（Restorationism）135

【タ行】

大西洋まぐろ類保存国際委員会（ICCAT）23, 30
太平洋共同体事務局（SPC: Secretariat of the Pacific Community）188
単位努力量あたりの漁獲量 → CPUE（単位努力量あたりの漁獲量, Catch Per Unit Effort）
地域漁業管理機関（RFMOs）92, 131
小さな個体群パラダイム（small population paradigm）68
地球サミット → 国連環境開発会議
中西部太平洋まぐろ類委員会（WCPFC）165
鳥獣保護法 141
低懸念 → レッドリストカテゴリー判定基準
電子投票 10
統合型資源評価モデル 105
道東エゾシカ保護管理計画 141
特定計画制度 141
特定鳥獣保護管理計画制度 141
特命全権会議 7

【ナ行】

為すことによって学ぶこと（learning by doing）110 → 順応的学習（adaptive learning）
南極の海洋生物資源の保存に関する条約（南極海洋生物資源保存条約, CCAMLR）24, 135
日本自然保護協会（NACS-J）136
日本野鳥の会 136

【ハ行】

ハビタット (habitat) 63, 64
バラスト水管理条約 135
パラメータ 74
バリ方式 114
繁殖率 66

非消費的利用 47
秘密投票 10, 37
病原体の蔓延 64
ピンガー 156

不確実性 102
部分抽出型モデル (Minimum Realistic Models: MRM) 124
プロダクションモデル 103
分集団 87

平均栄養段階 (Mean Trophic Levels: MTL) 126
ベルン基準 18
便宜置籍船 14

宝石珊瑚保護育成協議会 204
保護区 64
保護主義 (Protectionism) 135
保全主義 (Conservationism) 135
保全生態学 (conservation ecology) 62
保全生物学 (conservation biology) 61

【マ行】

マグロ漁業国際管理委員会 29

水際規制 border control 12
密度効果 103
密猟監視 → MIKE
みなみまぐろ保存委員会 (CCSBT) 113

未評価 →レッドリストカテゴリー判定基準
無害証明 (non-detriment findings; NDF) 183
無主物 101

メース・ランディ基準 18
メタ個体群 (metapopulation) 68
メタルール 115

目標基準値 → F_{target}

【ヤ行】

野生生物保護基本法 140
野生絶滅 →レッドリストカテゴリー判定基準

有害化学物質 64
有効集団サイズ → N_e
輸出許可書 12
ユネスコ「人間と生物圏」(MAB) 計画 135

予防原則 (precautionary principle) 91, 109
予防的措置 (precautionary approach) 109

【ラ行】

ラムサール条約 8, 128, 135
乱獲行為 (overfishing) 106
乱獲された状態 (overfished) 106
乱獲状態の基準 → B_{limit}

リオ宣言 109
留保 11

類似種 (look-alike species) 措置 188

レッドリストカテゴリー判定基準 84

基準 A 84, 91
基準 B 86
基準 C 87
基準 D 88
基準 E 88, 91
レッドリスト掲載基準 →クライテリア

【ワ行】

ワシントン条約（絶滅のおそれのある野生動植物種の国際取引に関する条約；CITES）7, 135
　第 2 条 18
　第 4 条 2(a) 項 21
　第 4 条 3 46
　第 8 条 1b 17
　前文 8
　締約国会議（CoP）9, 10, 48
　　第 1 回（ベルン，1976）18, 51
　　第 5 回（ブエノスアイレス，1985）51, 148
　　第 6 回（オタワ，1987）148, 205
　　第 7 回（ローザンヌ，1989）18, 128
　　第 8 回（京都，1992）18, 19, 21, 22, 29, 47, 52, 178
　　第 9 回（フォードローダデール，1994）19, 52, 161
　　第 10 回（ハラレ，1997）23, 52, 127, 148, 174, 178
　　第 11 回（ギギリ，2000）23, 52, 148, 174
　　第 12 回（サンティアゴ，2002）19, 24, 52, 160, 174, 181, 187, 192, 194
　　第 13 回（バンコク，2004）19, 35, 47, 54, 160, 183, 184, 187, 189, 208
　　第 14 回（ハーグ，2007）14, 24, 27, 49, 52, 189, 190, 201, 204
　　第 15 回（ドーハ，2010）25, 27, 30, 36, 48, 53, 55, 162, 183, 191, 201, 203, 204, 206, 208
　　第 16 回（バンコク，2013）8, 14, 24, 27, 48, 54, 57, 159, 162, 163, 167, 183, 187, 191, 192, 209
　　第 17 回（2016 予定）184
　決議（Resolution）48
　　8.3 47, 48
　　8.9 21
　　9.24 19, 208
　　10.12 178
　　11.13 179
　　12.7 179
　　12.8 21
　　14.7 22
　決定（Decision）48
　　12.60 187, 189
　　13.48 189
　　14.100 190
　附属書 8, 18
　　Ⅰ 8, 12
　　Ⅱ 9, 13
　　Ⅲ 9, 13, 14
　　――の変更 9

水産総合研究センター叢書
魚たちとワシントン条約
マグロ・サメからナマコ・深海サンゴまで

2016 年 3 月 31 日　初版第 1 刷発行

編●中野秀樹・高橋紀夫
©Fisheries Research Agency　2016

発行者●斉藤　博
発行所●株式会社　文一総合出版
〒 162-0812　東京都新宿区西五軒町 2-5
電話● 03-3235-7341
ファクシミリ● 03-3269-1402
郵便振替● 00120-5-42149
印刷・製本●奥村印刷株式会社

定価はカバーに表示してあります。
乱丁，落丁はお取り替えいたします。
ISBN978-4-8299-6527-6　Printed in Japan
NDC 468　判型 A5 判 224 pp.

[JCOPY] <(社) 出版者著作権管理機構 委託出版物>

本書 (誌) の無断複写は著作権法上での例外を除き禁じられています。複写される場合は、そのつど事前に、(社) 出版者著作権管理機構 (電話 03-3513-6969、FAX 03-3513-6979、e-mail: info@jcopy.or.jp) の許諾を得てください。また本書を代行業者等の第三者に依頼してスキャンやデジタル化することは、たとえ個人や家庭内の利用であっても一切認められておりません。